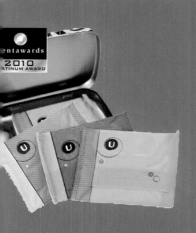

ART 国家示范性高等职业院校
艺术设计专业精品教材

高职高专艺术设计类 "十二五" 规划教材

包装设计与实训

BAOZHUANG

SHEJI YU

SHIXUN

主　编　刘　懿

副主编　严　肃　舒泳涛　刘　娜
　　　　袁　园　李　婕

参　编　刘　军　邓　溙　陈　倩
　　　　张鸿翔　李　娟　温海峰

U0370356

华中科技大学出版社
http://www.HUSTP.com
中国·武汉

内 容 简 介

本书包括十个项目：项目一为包装基本知识，项目二为包装设计师与包装设计行业，项目三为设计项目的启动，项目四为包装设计的准备，项目五为包装容器造型设计，项目六为包装容器结构设计，项目七为包装的材料，项目八为包装装潢设计，项目九为设计方案表现与陈述，项目十为包装的印刷与工艺。本书既有包装设计与实训的基本知识，又有包装设计与实训的实际操作训练，能很好地指导读者掌握包装设计的技能。

图书在版编目（CIP）数据

包装设计与实训 / 刘懿　主编. — 武汉：华中科技大学出版社，2013.11（2022.1 重印）
ISBN 978-7-5609-9484-0

Ⅰ.①包…　Ⅱ.①刘…　Ⅲ.①包装设计－高等职业教育－教材　Ⅳ.①TB482

中国版本图书馆 CIP 数据核字(2013)第 274926 号

包装设计与实训　　　　　　　　　　　　　　　　　　　　　　　刘懿　主编

策划编辑：曾　光　彭中军
责任编辑：张　琼
封面设计：龙文装帧
责任校对：朱　霞
责任监印：张正林
出版发行：华中科技大学出版社（中国·武汉）
　　　　　武昌喻家山　　邮编：430074　　电话：(027) 81321913
录　　排：龙文装帧
印　　刷：湖北新华印务有限公司
开　　本：880 mm×1230 mm　1/16
印　　张：8.5
字　　数：287 千字
版　　次：2022 年 1 月第 1 版第 5 次印刷
定　　价：48.00 元

国家示范性高等职业院校艺术设计专业精品教材
高职高专艺术设计类"十二五"规划教材
基于高职高专艺术设计传媒大类课程教学与教材开发的研究成果实践教材

编审委员会名单

国家示范性高等职业院校艺术设计专业精品教材

高职高专艺术设计类"十二五"规划教材

基于高职高专艺术设计传媒大类课程教学与教材开发的研究成果实践教材

组编院校(排名不分先后)

广州番禺职业技术学院	湖南大众传媒职业技术学院	天津轻工职业技术学院
深圳职业技术学院	黄冈职业技术学院	重庆城市管理职业学院
天津职业大学	无锡商业职业技术学院	顺德职业技术学院
广西机电职业技术学院	南宁职业技术学院	武汉职业技术学院
常州轻工职业技术学院	广西建设职业技术学院	黑龙江建筑职业技术学院
邢台职业技术学院	江汉艺术职业学院	乌鲁木齐职业大学
长江职业学院	淄博职业学院	黑龙江省艺术设计协会
上海工艺美术职业学院	温州职业技术学院	冀中职业学院
山东科技职业学院	邯郸职业技术学院	湖南中医药大学
随州职业技术学院	湖南女子学院	广西大学农学院
大连艺术职业学院	广东文艺职业学院	山东理工大学
潍坊职业学院	宁波职业技术学院	湖北工业大学
广州城市职业学院	潮汕职业技术学院	重庆三峡学院美术学院
武汉商学院	四川建筑职业技术学院	湖北经济学院
甘肃林业职业技术学院	海口经济学院	内蒙古农业大学
湖南科技职业学院	威海职业学院	重庆工商大学设计艺术学院
鄂州职业大学	襄阳职业技术学院	石家庄学院
武汉交通职业学院	武汉工业职业技术学院	河北科技大学理工学院
石家庄东方美术职业学院	南通纺织职业技术学院	江南大学
漳州职业技术学院	四川国际标榜职业学院	北京科技大学
广东岭南职业技术学院	陕西服装艺术职业学院	湖北文理学院
石家庄科技工程职业学院	湖北生态工程职业技术学院	南阳理工学院
湖北生物科技职业学院	重庆工商职业学院	广西职业技术学院
重庆航天职业技术学院	重庆工贸职业学院	三峡电力职业学院
江苏信息职业技术学院	宁夏职业技术学院	唐山学院
湖南工业职业技术学院	无锡工艺职业技术学院	苏州经贸职业技术学院
无锡南洋职业技术学院	云南经济管理职业学院	唐山工业职业技术学院
武汉软件工程职业学院	内蒙古商贸职业学院	广东纺织职业技术学院
湖南民族职业学院	湖北工业职业技术学院	昆明冶金高等专科学校
湖南环境生物职业技术学院	青岛职业技术学院	江西财经大学
长春职业技术学院	湖北交通职业技术学院	天津财经大学珠江学院
石家庄职业技术学院	绵阳职业技术学院	广东科技贸易职业学院
河北工业职业技术学院	湖北职业技术学院	武汉科技大学城市学院
广东建设职业技术学院	浙江同济科技职业学院	广东轻工职业技术学院
辽宁经济职业技术学院	沈阳市于洪区职业教育中心	辽宁装备制造职业技术学院
武昌理工学院	安徽现代信息工程职业学院	湖北城市建设职业技术学院
武汉城市职业学院	武汉民政职业学院	黑龙江林业职业技术学院
武汉船舶职业技术学院	湖北轻工职业技术学院	四川天一学院
四川长江职业学院	四川传媒学院	

世界职业教育发展的经验和我国职业教育发展的历程都表明，职业教育是提高国家核心竞争力的要素。职业教育的这一重要作用，主要体现在两个方面。其一，职业教育承载着满足社会需求的重任，是培养为社会直接创造价值的高素质劳动者和专门人才的教育。职业教育既是经济发展的需要，又是促进就业的需要。其二，职业教育还承载着满足个性发展需求的重任，是促进青少年成才的教育。因此，职业教育既是保证教育公平的需要，又是教育协调发展的需要。

这意味着，职业教育不仅有着自己的特定目标——满足社会经济发展的人才需求，以及与之相关的就业需求，而且有着自己的特殊规律——促进不同智力群体的个性发展，以及与之相关的智力开发。

长期以来，由于我们对职业教育作为一种类型教育的规律缺乏深刻的认识，加之学校职业教育又占据绝对主体地位，因此职业教育与经济、与企业联系不紧，导致职业教育的办学未能冲破"供给驱动"的束缚；由于与职业实践结合不紧密，职业教育的教学也未能跳出学科体系的框架，所培养的职业人才，其职业技能的"专"、"深"不够，工作能力不强，与行业、企业的实际需求及我国经济发展的需要相距甚远。实际上，这也不利于个人通过职业这个载体实现自身所应有的职业生涯的发展。

因此，要遵循职业教育的规律，强调校企合作、工学结合，"在做中学"，"在学中做"，就必须进行教学改革。职业教育教学应遵循"行动导向"的教学原则，强调"为了行动而学习"、"通过行动来学习"和"行动就是学习"的教育理念，让学生在由实践情境构成的、以过程逻辑为中心的行动体系中获取过程性知识，去解决"怎么做"(经验)和"怎么做更好"(策略)的问题，而不是在由专业学科构成的、以架构逻辑为中心的学科体系中去追求陈述性知识，只解决"是什么"(事实、概念等)和"为什么"(原理、规律等)的问题。由此，作为教学改革核心的课程，就成为职业教育教学改革成功与否的关键。

当前，在学习和借鉴国内外职业教育课程改革成功经验的基础上，工作过程导向的课程开发思想已逐渐为职业教育战线所认同。所谓工作过程，是"在企业里为完成一项工作任务并获得工作成果而进行的一个完整的工作程序"，是一个综合的、时刻处于运动状态但结构相对固定的系统。与之相关的工作过程知识，是情境化的职业经验知识与普适化的系统科学知识的交集，它"不是关于单个事务和重复性质工作的知识，而是在企业内部关系中将不同的子工作予以连接的知识"。以工作过程逻辑展开的课程开发，其内容编排以典型职业工作任务及实际的职业工作过程为参照系，按照完整行动所特有的"资讯、决策、计划、实施、检查、评价"结构，实现学科体系的解构与行动体系的重构，实现于变化的、具体的工作过程之中获取不变的思维过程和完整性的工作训练，实现实体性技术、规范性技术通过过程性技术的物化。

　　近年来，教育部在高等职业教育领域组织了我国职业教育史上最大的职业教育师资培训项目——中德职教师资培训项目和国家级骨干师资培训项目。这些骨干教师通过学习、了解，接受先进的教学理念和教学模式，结合中国的国情，开发了更适合中国国情、更具有中国特色的职业教育课程模式。

　　华中科技大学出版社结合我国正在探索的职业教育课程改革，邀请我国职业教育领域的专家、企业技术专家和企业人力资源专家，特别是国家示范院校、接受过中德职教师资培训或国家级骨干师资培训的高职院校的骨干教师，为支持、推动这一课程开发应用于教学实践，进行了有意义的探索——相关教材的编写。

　　华中科技大学出版社的这一探索，有两个特点。

　　第一，课程设置针对专业所对应的职业领域，邀请相关企业的技术骨干、人力资源管理者及行业著名专家和院校骨干教师，通过访谈、问卷和研讨，提出职业工作岗位对技能型人才在技能、知识和素质方面的要求，结合目前中国高职教育的现状，共同分析、讨论课程设置存在的问题，通过科学合理地调整、增删，确定课程门类及其教学内容。

　　第二，教学模式针对高职教育对象的特点，积极探讨提高教学质量的有效途径，根据工作过程导向课程开发的实践，引入能够激发学习兴趣、贴近职业实践的工作任务，将项目教学作为提高教学质量、培养学生能力的主要教学方法，把适度够用的理论知识按照工作过程来梳理、编排，以促进符合职业教育规律的、新的教学模式的建立。

　　在此基础上，华中科技大学出版社组织出版了这套规划教材。我始终欣喜地关注着这套教材的规划、组织和编写。华中科技大学出版社敢于探索、积极创新的精神，应该大力提倡。我很乐意将这套教材介绍给读者，衷心希望这套教材能在相关课程的教学中发挥积极作用，并得到读者的青睐。我也相信，这套教材在使用的过程中，通过教学实践的检验和实际问题的解决，不断得到改进、完善和提高。我希望，华中科技大学出版社能继续发扬探索、研究的作风，在建立具有中国特色的高等职业教育的课程体系的改革之中，做出更大的贡献。

　　是为序。

教育部职业技术教育中心研究所

学术委员会秘书长

《中国职业技术教育》杂志主编

中国职业技术教育学会理事、

教学工作委员会副主任、

职教课程理论与开发研究会主任

姜大源 教授

2010 年 6 月 6 日

目录
MULU

项目一　包装基本知识 ·· (1)
　　一、包装设计的发展 ·· (2)
　　二、包装设计的内涵 ·· (4)
　　三、包装设计的类别 ·· (7)

项目二　包装设计师与包装设计行业 ······················· (11)
　　一、专业包装设计师 ·· (12)
　　二、包装设计行业协会与企业 ····························· (19)

项目三　设计项目的启动 ·· (21)
　　一、成立包装设计工作室 ··································· (22)
　　二、包装设计项目来源与接洽 ························· (24)

项目四　包装设计的准备 ·· (29)
　　一、搜集相关资料 ·· (30)
　　二、设计项目分析与签订设计合同 ·················· (30)
　　三、制定进度表，进行市场调研 ······················ (32)
　　四、设计定位 ··· (36)
　　五、包装设计策略 ·· (38)
　　六、包装设计草案 ·· (39)

项目五　包装容器造型设计 ······································ (41)
　　一、包装容器设计的概念 ··································· (42)
　　二、包装容器造型设计的原则 ························· (43)
　　三、包装容器造型的制作工具和材料 ············ (44)
　　四、包装容器外观造型的种类 ························· (45)
　　五、包装容器造型设计的方法 ························· (46)
　　六、系列化设计 ·· (47)
　　七、确定包装容器体量的因素 ························· (48)
　　八、包装容器造型的设计程序 ························· (49)
　　九、包装容器造型的设计步骤 ························· (49)
　　十、包装容器造型设计注意的问题 ················ (51)

项目六 包装容器结构设计 ·· (53)
　　一、包装容器结构设计概述 ·· (54)
　　二、纸质包装容器结构设计 ·· (55)
　　三、瓦楞纸箱 ··· (62)
　　四、其他形式纸容器 ··· (63)
　　五、纸质包装容器结构设计技巧 ·· (66)
　　六、纸质包装容器结构设计工具 ·· (66)
　　七、纸质包装容器结构设计步骤 ·· (66)
　　八、纸质包装容器结构制作中的注意细节 ·· (67)

项目七 包装的材料 ··· (69)
　　一、天然包装材料 ··· (70)
　　二、人造包装材料 ··· (72)
　　三、复合包装材料 ··· (80)
　　四、环保新材料 ·· (81)

项目八 包装装潢设计 ··· (83)
　　一、包装装潢设计的构思方法 ·· (84)
　　二、包装的色彩设计 ··· (89)
　　三、包装的图形设计 ··· (95)
　　四、包装的文字设计 ·· (101)
　　五、包装的编排设计 ··· (102)
　　六、包装装潢的设计形式 ·· (104)

项目九 设计方案表现与陈述 ·· (107)
　　一、包装效果表现 ··· (108)
　　二、平面展开图绘制 ··· (108)
　　三、技术文件编制与方案陈述 ··· (109)

项目十 包装的印刷与工艺 ·· (111)
　　一、印前准备 ·· (112)
　　二、印刷工艺流程 ··· (120)
　　三、印刷方式 ·· (120)
　　四、印刷后期加工工艺 ··· (123)

参考文献 ··· (128)

项目一
包装基本知识

BAOZHUANG

SHEJI

YUSHIXUN

█ 任务名称 █
包装的概念及发展

█ 任务概述 █
通过对包装设计基本知识的讲解，阐述包装设计的基本概念，并使读者对包装设计的发展及现状有一定的了解。

█ 能力目标 █
能够正确认识包装设计的功能要求和价值要求。

█ 知识目标 █
了解包装设计的基本内涵和不同的分类。

█ 素质目标 █
提高读者的自学能力和语言表达能力。

一、包装设计的发展   ONE

1. 大自然的包装设计

大自然是人类的第一位老师，我们很多行为都是出于对大自然的模仿。人类在原始社会时期也从大自然中接触到了最初来自大自然的包装，很多植物的种子（如花生、橘子等）外部往往有一层保护物质。这层保护物质可以起到保护种子不被风、雨侵蚀或蚊虫蛀咬的功能，可以算是典型的大自然包装（见图1-1至图1-4）。"麻屋子，红房子，里面睡着白胖子"这是一个民间谜语，它描述的其实就是大自然物体的包装形态，比喻形象生动。

图1-1 大自然包装的代表

图1-2 大自然绿色包装的代表

图1-3 大自然多层包装的代表

图1-4 大自然完美的包装代表之一

2. 返璞归真的包装设计

古时候，用以包装的材料非常有限，主要是自然界的天然材料，如竹、木、藤、麻、贝壳、葫芦、芦苇叶等。粗纤维植物在加工处理之后，可以立即成为方便的包装材料。这些天然可用的材料蕴藏丰富、再生能力强，其本身有时便是最好的包装，如在很多沿海国家，将椰子壳制成碗形容器，它的稳定性很好，可以确保食品储存与运输的安全，是典型的利用自然材料包装的例子。在中国和中国周边的一些国家，传统食品粽子的包装（见图1-5）至今还沿用着天然苇叶或其他叶子的习惯，因为这些叶子所散发出来的清香是粽子特有味道的来源之一。包装本身所具有的一些不可替代的功能，是一些原始包装能够保持至今的原因。

3. 现代包装的雏形

宋朝在农业发展的基础上，手工业生产也有了显著的进步，都市商业活动和农村集市贸易较前代有所发展。手工艺水平的提高带动宋代海外贸易有了较大的发展。在宋代纸质包装使用范围越来越广，而且多印有厂家名号、产品特性等内容，典型代表是现藏于中国国家博物馆的北宋"济南刘家功夫针铺"印刷包装纸（见图1-6），采用铜版雕刻技术，很好地反映了早期包装古朴、直白的特点。其上印有"货真价实、童叟无欺"、"只此一家、别无二号"等字和一只白兔，它的设计集字号、插图、广告语于一身，已经具备了与现代包装相同的创作观念，是我国迄今为止发现的最早的具有营销意识的纸质包装。

图1-5　粽子的包装　　　　　　　　　　图1-6　宋代的"济南刘家功夫针铺"包装纸

4. 包装设计的现代追求

1）包装设计的人性化追求

人类对自身生命和舒适感的追求，以及对人性化的追求越来越高，这一点也影响并形成了包装设计的诸多观念和设计思维。包装在满足了产品对其的基本需要外，在设计中还必须面对使用者，在开启的简易性、携带的便利性、存储的长久性、尺度的适宜性、使用引导的合理性、平面设计的审美性上都有更高的追求，并通过形状、文字、色彩、图案以及技术结构等各个角度的表现去亲和使用者，使使用者感到舒适、便利。从企业竞争的角度看，人性化追求提升了企业形象、产品形象；从社会发展的角度看，这是人类生活水准和质量提高的象征，是社会进步的反映。

2）包装设计的社会责任追求

一般情况下，包装在完成了盛装、包裹、保护、搬运、存储等使命后，大多数情况下会被作为废物丢弃，是自然环境日趋恶劣的原因之一。因此，"绿色设计"的概念从20世纪70年代中期出现并逐渐成为舆论的中心话题之一。天然、可回收、便于清洁、可重复使用的包装开始替代一次性包装，成为包装设计的新理念和新追求。绿色设计的观念已经被提升到与人类未来环境、生命攸关的高度。

在竞争激烈的商业市场中，在投机心理的驱使下，一些商家或企业在包装设计中采用模仿、抄袭等侵权行为，以期快速在商品流通中获得高额利润。因此在许多包装中防伪设计成为必需。

5. 包装设计的未来理念

在信息发达的现代社会中，媒体从单一性走向多元性，从静态走向动态，从单向性走向互动性。消费者不再满足原有的包装形态，对包装设计存有更高的期望，包装设计工作面临着新技术环境下的诸多新课题，包装设计的创新成为一种必然。

包装设计的创新多从材料、结构上展开，尤其以动态变化和互动变化为多，将人与包装的关系引入新的境界。例如，一些包装盒在满足了包装的功能后，可以通过结构的调整变为储物箱等再利用物；再如，一些包装材料可以根据环境温度变化改变其颜色，甚至感应周围色彩而改变自身的颜色，从而突出其在货架上的效果。这些新型包装带来了包装观念的颠覆性变化，也是一种趋势的反映。

在这个求新求异的时代，为满足消费市场的风云变化，包装设计工作在不违背社会公德、法律限制的前提下，有着无止境探索的可能性。澳大利亚葡萄酒包装设计，如何能体现产品原汁原味的产品特征？设计师的灵感来自葡萄叶和葡萄藤皮。设计师将产品名称利用激光切割手段直接刻在了葡萄藤皮上，再覆盖上葡萄叶作为外包装，如图1-7所示。

图1-7 环保的葡萄酒包装

二、包装设计的内涵   **TWO**

1. 世界各国的包装设计概念

对于包装的概念、作用和意义，各个国家都从自身的角度给出了明确的说法。美国、英国、加拿大、日本这些工业发达国家的专业机构都有对于包装的专门定义，我国颁布的《包装通用术语》（GB4122—1983）中，也对包装一词进行了权威界定。各国的界定如下。

美国——包装是为方便货物的运输、流通、储存与销售而实施的准备工作。

英国——包装是为货物的存储、运输、销售所做的技术与艺术上的准备工作。

加拿大——包装是将产品由供应者送至顾客或消费者过程中，能够保持产品处于完好状态的手段。

日本——包装是便于物品的运输及保管，并维护商品之价值，保持其状态，而以适当的材料或容器对物品所实施的技术以及实施后的状态的称谓。

《包装通用术语》（GB4122—1983）——包装是为在流通中保护产品、方便储运、促进销售，按一定技术方法而采用的容器、材料及辅助物的总称。包装也指为了达到上述目的而采用容器、材料和辅助物的过程中施加一定技术方法等的操作活动。

从上述各国对包装的定义来看，包装被界定为两个方面的工作或手段，一为运输和保护的工作或手段，二为促进销售的工作或手段。美国、英国的定义中都指出包装包括了上述两方面的工作或手段，而加拿大和日本则将包装定义在了前一个工作或手段中。

加拿大和日本的定义是站在包装的最原始、最核心的功能角度来确定其作用和意义的，而美国、英国的定义则将现代社会这个销售时代对包装所具有的更多期待都界定了进来。因此，两种说法并不矛盾，只是角度略有不同而已。

包装最基本的功能是保护产品，由于保护的目标不同，包装的材料运用、造型处理等就有所不同。从图1-8中所示的饮料包装中，可以看到容量大小不等的包装。如图1-9所示，化妆品包装在设计时需要更多考虑审美功能，因为它本身就是一件艺术品。

图 1-8　饮料包装　　　　　　　　　　图 1-9　化妆品包装

2. 包装设计的定义

综上所述，可以对包装进行如下描述——针对劳动制品进行的保存性、运输性、促销性的工作，包括技术和艺术两个方面，是一个包含诸多环节的设计及生产过程。

3. 对包装设计概念的思考

在现实中，经常可以听到"过度包装"与"绿色包装"。并从不同角度了解它们在观念上的诸多争斗。"过度包装"是明确依赖超越产品需求的特殊包装用于促销的现象；而"绿色包装"则站在地球环境、资源节约等角度上，呼吁和倡导包装回归本质功能。近年来一些包装超出原始功能以外造成了许多严重的后果，使得包装概念异化、变味，现代人不得不站在"绿色包装"的角度上思考上述问题。基于这样的现状，对于包装定义的理解应该更深一个层次地进行。

1) 包装是产品与企业文化的代言人

目前我国已经建立起包装容器、包装原辅材料、包装机械设备生产、包装印刷及包装材料回收等门类齐全的包装工业体系，形成了包装产业群和产业链。包装已经成为市场需求的必需品、文化传播的新载体、物质与文化的契合体。

2) 市场需求的必然

随着消费者购物方式多元化的转变，自助式购物超市、社区便利店、仓储式购物超市、专项商品购物超市、电视购物等促使包装设计呈现多样性和个性化特点。同时设计还要具有一定的文化意义，有助于提升品牌形象和消费者品味，市场的需求必然推动包装产业的发展、成熟、壮大。

3) 文化传播的新载体

包装是一种伴随商品经济而生的文化形式，在优秀文化的继承、传播和转化方面，担负着重要的使命，展现着时代的文化特征，是不同地域、不同民族文化展示的一个舞台，如图 1-10 所示。

比如，月饼受老字号与区域的消费认知限制，新品牌怎样凸显出来？杏花村，以月饼为起点，挖掘和回归老上海文化，每款产品包装设计都重现一个江南中秋老传统习俗，让月饼回归传统的价值理念，如图 1-11 所示。

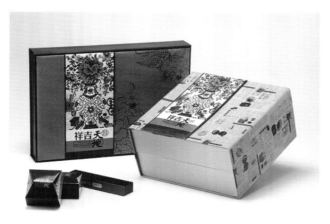

图 1-10　同道设计的月饼包装案例

图 1-11　新食品年度十佳营销案例奖——杏花村月饼

4）物质与精神共求

人们购买商品，除了拥有商品的使用价值外，还有满足精神层面的需求，通过消费提升个性、彰显品质、展示地位等。

消费者购买香水，买的不仅仅是香水，更多的是消费者自我价值和品位的展现。图 1-12 所示为香水包装。

5）品牌塑造的推手

包装不仅传递商品本身的信息，而且是企业与社会交流的途径。企业将文化、价值观通过包装传达给消费者。

可口可乐与百事集团旗下各有多少主要饮料品牌（见图 1-13）？哪些品牌定位相似，针锋相对？它们的标志是如何设计的？包装是如何创意的？

图 1-12　香水包装

图 1-13　可口可乐与百事集团旗下的主要饮料品牌

三、包装设计的类别　　　　　　　　　　　　　　　THREE

除了从功能上对包装进行分类外，还可以从多种角度来认识和了解包装的类型。可以从包装形态、包装材料、包装大小、包装内外、包装对象、包装目的看，甚至可以从艺术表现的风格来看，从这些角度，可以充分了解包装的功能和价值，从而为包装设计的有效表达建立良好的基础。

1.　按包装在流通过程中的作用分类

1）个包装

个包装是指将产品进行个别化的包装，是以盛装、保护、小计量为主的包装形态，多指直接接触商品的包装，例如装啤酒的铝制易拉罐、装饼干的塑胶袋、装香水的玻璃瓶。

图1-14所示的食品包装包括了个包装和内包装两个层次。个包装以塑料袋进行小量分装，然后使用大纸盒进行内包装，纸盒包装属于一个销售单位，塑料包装则属于一个使用单位。

图1-14　食品包装

2）内包装

内包装是指产品用于运输包装之内的包装，比个包装具有更多的保护性、装饰性，便于大量销售以及堆积等，多指个包装之外的汇集型包装，例如一条香烟一般是10盒香烟包装在一个大盒子中，这个大盒就属于内包装。

3）外包装

外包装是指运输型、仓储型包装，非常注重在搬动、运输过程中的抗损能力以及整齐的码放方式，是对内包装的集合式、简洁性包装，例如货品转运箱、瓦楞纸箱等。

图1-15所示的这组啤酒包装包括了个包装和外包装两个层次。个包装用金属瓶进行小量分装，然后四个一组用手提纸盒进行外包装设计，这个外包装方便消费者在购买转运时提携。图1-16所示为用玻璃瓶分装的酒包装，外面的纸盒同样也是方便消费者在购买转运时提携。

2.　按产品经营方式分类

包装有内销产品包装、出口产品包装、特殊产品包装。

3.　按包装制品材料分类

包装有纸制品包装、塑料制品包装、金属包装、竹木器包装、暴力容器包装和复合材料包装等。

图 1-15　啤酒包装　　　　　　　　　　图 1-16　玻璃瓶分装的酒包装

4. 按包装使用次数分类

包装有一次多用包装、多次多用包装、周转包装等。

5. 按包装容器的软硬程度分类

包装有硬包装、半硬包装和软包装等。

6. 按产品种类分类

包装有食品包装、药品包装、机电产品包装、外线品包装等。

7. 按包装技术方法分类

包装有防震包装、防湿包装、防锈包装、防霉包装等。

上述包装形态在有些商品的流通中会完整体现，如大多数药品在商业流通过程中需要使用个包装、内包装到外包装的全部包装形态。但也有些商品只使用一种形态或其中两种形态就可以在流通中完成使命，如一些电器只有运输包装和简单的塑料套装，拆箱后可以直接看到商品；生活中常用的洗衣剂，在大多数情况下只有个包装和外包装。图 1-17 所示为组合式包装设计。图 1-18 所示为利用包装盒的透明性，将食品的原貌不加修饰地作为包装的一部分展示出来。

图 1-17　组合式包装设计

图 1-18　透明包装设计

小结

通过对项目一的学习，了解包装设计在整个发展历程中其内涵的不断演变过程。包装不仅仅是产品的视觉盛宴，更是产品价值和品牌文化的"明信片"。作为一个优秀的包装设计师对包装设计要知表，更要知里，才能站在消费者的立场上，代产品生产企业说话，去市场上实现商品价值，最终实现包装设计的价值。

知识拓展：包装设计的原则

1. 满足功能性

每款包装必须要确定其保存特性、运输方式以及销售方略，如方便搬运的结构、便于携带的体积或形态；防止挥发或渗透的处理、抗击挤压的结构；巧妙的展示造型、诱人的色彩表现等。

2. 追求审美性

审美性追求是包装设计诸要素中决定胜负的一个"杀手锏"，掌握审美品位的时代性和对象性，是一个极具技术性的技巧。准确地表达审美情趣是包装设计成功的一个重要因素。

3. 达成准确性

在成熟的商业社会中，许多商品的包装在材料选用、造型处理、装饰手段上都有一些约定俗成的选择或样式，使其在商品类别的认知上不致引发误会，这一点在包装设计中应加以注意。但在同类商品差异化设计的追求上，要着力打造品牌个性、凸显品牌魅力，准确传达品牌信息，为品牌依赖建立基础。

4. 顾及经济性

绝大多数的包装都是商品的附属物，在完成了包装的功能后会被遗弃，成为废品。因此，在包装设计过程中选择材料和工艺，应该考虑与包装对象的经济匹配性。同时，应根据商品本身的销售目标，选择适合的设计样式，不要对廉价商品进行豪华装扮或矫情处理，违背销售初衷，导致消费者产生不信赖感。

5. 摒弃无效性

在包装设计中，最重要的是在创意时能够抓住主题，在表达时能够直奔主题。要学会放弃那些看似美好但对主题无用、干扰信息传达、引发不正确理解的结构或装饰。在设计中应提倡具有创新意识的追求，利用多种手段、手法着力凸显主题。

6. 追随时代性

包装设计的时代印记非常明显，当下的流行趋势，对包装设计从材料、造型到装饰语言必然有深远的影响，避免过时的设计语言影响购买情绪。

思考题

  1. 包装设计的含义是什么？包装设计经历了怎样的发展阶段？日常生活中的包装设计有哪些，请举例。

  2. 通过学习包装设计的分类，观察生活中见到的包装，重新运用分类方式对此进行分类，并用 PPT 进行汇报演示讲解。

 实训项目

  考察两家以上的包装设计企业，撰写一份 1500 字左右的考察报告。

项目二
包装设计师与包装设计行业....

BAOZHUANG
SHEJI
YUSHIXUN

◀ ◀ ◀ ◀

■ 任务名称 ▎

1. 包装设计师认知
2. 包装设计行业认知

■ 任务概述 ▎

通过对包装设计师及包装设计行业的基本知识的讲解，阐述包装设计行业协会的职能、包装设计师的基本岗位及其要求，并让读者对包装设计企业的发展及现状有一定的了解。

■ 能力目标 ▎

1. 能根据包装设计师不同岗位，总结典型工作任务及流程；
2. 能根据包装设计师的不同岗位绘制工作流程图。

■ 知识目标 ▎

1. 了解包装设计师职业道德；
2. 了解包装设计相关法律、法规；
3. 了解包装设计行业协会的主要职能；
4. 了解包装设计公司对项目的运作流程。

■ 素质目标 ▎

提高读者的自学能力、语言表达能力和市场调查能力。

一、专业包装设计师　　　　　　　　　　　　　　　　ONE

1. 包装设计师及要求

1）包装设计师

包装设计师的职业定义：在商品生产、流通领域，从事包装工艺设计、储运包装设计、销售包装设计的人员。

包装设计师的职业等级共设四个，分别为：包装设计员(国家职业资格四级)、助理包装设计师(国家职业资格三级)、包装设计师(国家职业资格二级)、高级包装设计师(国家职业资格一级)。

包装设计师的职业能力特征：具有一定的观察、理解、计算、判断、表达和交流能力，有良好的色觉和空间感。

2）包装设计师的基本要求

①职业道德：遵守包装设计行业职业规范，做到遵纪守法，严格自律；爱岗敬业，诚信待人；团结协作，创新求实。

②基础知识：掌握包装设计的方法和常用包装印刷机械的操作；掌握包装设计常用材料；掌握包装印刷工艺。

③相关法律、法规知识：了解《中华人民共和国产品质量法》相关知识；了解《中华人民共和国环境保护法》相关知识；了解《中华人民共和国反不正当竞争法》相关知识；了解《中华人民共和国知识产权法》相关知识。

2. 包装设计师的工作程序与典型工作任务

1）包装设计员(可根据所从事的工作，选择"职业功能"一至三的任一项)

包装设计员的职业功能、工作内容、技能要求和相关知识如表2-1所示。

表 2-1　包装设计员的职业功能、工作内容、技能要求和相关知识

职业功能	工作内容	技能要求	相关知识
一、销售包装设计	(一)设计表现	1. 能进行素描和色彩的基础造型 2. 能进行字体设计、图案创意表现	1. 素描基本知识 2. 色彩基本知识 3. 字体设计基本知识 4. 图形创意基本知识
	(二)设计制作	1. 能完成平面图形制作 2. 能根据要求制作纸包装容器	纸包装样品制作方法
二、储运包装设计	(一)储运环境调研	能根据有关标准、规范和要求收集包装流通环境信息	包装件流通环境条件基本知识
	(二)产品特性确定	能收集防护包装材料资料和产品特性信息	1. 产品性能基本知识 2. 缓冲包装材料相关知识
	(三)防护包装设计	1. 能合理选用常用的外包装形式和容器，确定常用产品的防护包装方式 2. 能对外包装容器性能测试进行试验准备,协助测试	1. 外包装形式 2. 防护包装方法基本知识 3. 外包装容器和包装件测试方法基本知识
三、包装工艺设计	(一)包装技法选择	1. 能根据客户要求选择相应的包装结构和规格 2. 能根据产品特性选择常规的包装技法	1. 包装标准与规格 2. 常用包装方法基本知识
	(二)容器和材料选择	1. 能选择适当的包装容器 2. 能选择适宜的包装材料	1. 纸包装材料和容器知识 2. 塑料包装材料和容器知识 3. 金属包装材料和容器知识
	(三)包装工艺过程设计	1. 能选择常用产品的包装工艺流程 2. 能选择常用的包装设备	1. 液体包装工艺流程 2. 颗粒物料包装工艺流程 3. 储运包装工艺流程

2)　助理包装设计师(可根据所从事的工作，选择"职业功能"一至三的任一项)

助理包装设计师的职业功能、工作内容、技能要求和相关知识如表 2-2 所示。

表2-2　助理包装设计师的职业功能、工作内容、技能要求和相关知识

职业功能	工作内容	技能要求	相关知识
一、销售包装设计	(一)设计定位	1. 能了解客户要求并进行记录 2. 能收集、整理相关的样品、图片、数据等信息资料 3. 能提出包装设计的初步意见	1. 消费心理学基本知识 2. 市场营销学基本知识
	(二)设计表现	1. 能进行包装纸与标签创意设计、标志设计 2. 能选择一种包装材料进行一般包装容器的造型设计 3. 能进行包装容器的装潢设计和包装产品的视觉传达设计	1. 标志、标签与包装纸的基本知识 2. 包装容器造型设计基本知识 3. 包装装潢设计基本知识
	(三)设计制作	1. 能运用手绘和图形设计软件,完成平面图形制作 2. 能绘制包装容器效果图	1. 手绘效果图的有关知识 2. 图形软件应用与容器制作工艺相关知识
二、储运包装设计	(一)储运环境调研	1. 能根据相关标准以及技术规范,确定流通环境条件 2. 能借助相应的仪器设备采集包装流通环境信息	1. 包装件流通环境相关标准与技术参数 2. 包装件静、动态性能测试方法
	(二)产品特性确定	能确定产品的物理特性和生化特性	产品性能测试的基本方法
	(三)防护包装设计	1. 能合理确定托盘、集装箱、集装袋等集装包装形式 2. 能对所选用的外包装容器主要性能进行测试 3. 能根据设计条件,收集包装材料资料,合理确定防护包装类型,正确选用防护包装材料和结构 4. 能应用相关软件进行防护包装的辅助设计 5. 能查询和收集有关出口包装的要求	1. 常用缓冲包装材料的力学特性 2. 防护与储运包装的相关知识 3. 计算机辅助设计的相关知识 4. 出口包装的基本要求
	(四)包装检测与评价	1. 能按要求和有关标准进行包装试验 2. 能初步估算包装成本	1. 包装测试技术的基本知识 2. 技术经济分析的有关知识

续表

职业功能	工作内容	技能要求	相关知识
三、包装工艺设计	(一)包装技法选择	1. 能根据客户要求、储运条件选择相应的包装结构和规格 2. 能根据产品特性和储运条件选择包装技法	1. 产品在流通过程中的变化 2. 防护包装工艺及特点
	(二)容器成形设计	1. 能合理选择包装材料并确定包装容器结构 2. 能测试包装材料的性能 3. 能选择包装容器成形方法与设备	1. 纸包装容器制造和性能测试方法 2. 塑料包装容器和性能测试方法 3. 金属容器的制造工艺过程 4. 复合包装材料和容器的成形方法
	(三)包装工艺过程设计	1. 能制订包装工艺流程 2. 能合理选择相应的包装设备，满足工艺要求	1. 装袋与裹包工艺和设备的选择 2. 贴体包装与泡罩包装工艺和设备的选择 3. 液体灌装工艺和设备的选择 4. 颗粒物料充填工艺和设备的选择

3) 包装设计师(可根据所从事的工作，选择"职业功能"一至三的任一项)

包装设计师的职业功能、工作内容、技能要求和相关知识如表 2-3 所示。

表 2-3　包装设计师的职业功能、工作内容、技能要求和相关知识

职业功能	工作内容	技能要求	相关知识
一、销售包装设计	(一)设计定位	1. 能收集国内外包装发展动态和相关的信息数据、图文资料 2. 能依据客户要求与市场消费发展趋势进行包装功能定位	国内外包装发展动态
	(二)设计创意	1. 能撰写包装设计文案 2. 能用图形语言表达包装设计预想方案	1. 文案写作知识 2. 包装设计与视觉传达表现方法

续表

职 业 功 能	工 作 内 容	技 能 要 求	相 关 知 识
	(三)设计表现	1. 能完成各类商品销售包装的整体设计 2. 能进行企业视觉形象设计和售点广告设计	企业视觉形象设计与售点广告设计的有关知识
	(四)设计制作	1. 能够根据图纸组织包装容器模型制作 2. 能够制作纸盒,软包装装潢效果样品	1. 模型制作工艺的有关知识 2. 包装制版与印刷工艺知识
二、储运包装设计	(一)储运环境调研	1. 能对储运环境条件进行分类和描述 2. 能合理分析包装流通环境信息 3. 能通过产品破损现象分析危险因素的来源,并评价其危害程度	储运环境检测基本知识
	(二)产品特性确定	能分析产品的物理特性和生化特性,确定影响储运包装设计的产品主要特性	产品性能测试方法
	(三)防护包装设计	1. 能合理制订储运包装设计方案,进行防护包装设计 2. 能设计外包装形式和容器 3. 能提出外包装容器主要性能要求,设计外包装容器性能测试方案 4. 能应用相关软件进行防护包装的辅助分析	1. 包装材料应用知识 2. 包装制品和容器的相关知识 3. 储运包装设计方法 4. 计算机辅助设计软件的应用知识
	(四)包装检测与评价	1. 合理设计包装试验方案,分析试验结果,评价储运包装设计 2. 能调研分析各国对包装质量评估的要求和方法	1. 储运包装检测知识与试验标准 2. 商品包装质量评价方法

职业功能	工作内容	技能要求	相关知识
三、包装工艺设计	(一)包装技法选择	1. 能根据产品的特性、储运条件、销售对象及方式，确定包装结构和规格 2. 能根据产品特性及物流环境优化包装工艺	1. 影响包装物品的质量因素 2. 包装工艺的优化方法
	(二)容器成形设计	1. 能确定包装容器结构，并对结构参数进行计算 2. 能选择适宜的包装材料并测定其性能参数 3. 能制订包装容器成形工艺，并确定工艺参数	1. 纸包装容器的设计与制造工艺 2. 塑料包装容器的设计与制造工艺 3. 金属包装容器的设计与制造工艺
	(三)包装工艺过程设计	1. 能确定包装相应的工艺流程，并确定各工序的操作规程 2. 能根据包装工艺要求选择相应设备	1. 充填工艺方法 2. 灌装工艺方法 3. 裹包工艺方法 4. 其他工艺方法
	(四)包装过程质量监控	1. 能确定关键工序检测参数并提出检测方法 2. 能提出确定产品质量的检测规程并分析检测结果 3. 能分析解决包装产品质量中存在的问题并提出解决方案	1. 包装质量分析和检验方法 2. 包装工艺规章制定方法 3. 包装工艺过程质量控制方法

4) 高级包装设计师(可根据所从事的工作，选择"职业功能"一至三的任一项)

高级包装设计师的职业功能、工作内容、技能要求和相关知识如表 2-4 所示。

表 2-4　高级包装设计师的职业功能、工作内容、技能要求和相关知识

职业功能	工作内容	技能要求	相关知识
一、销售包装设计	(一)设计定位	1. 能完成包装开发项目的总体规划设计 2. 能根据包装物和流通环境目标,确定包装的创新形式	1. 商品流通与市场营销策划的有关知识 2. 国外相关包装的法规与标准 3. 包装发展的趋势及相关信息
	(二)设计创意	能综合分析国内外前沿信息,运用新观念、新工艺进行包装设计创意	
	(三)设计表现	1. 能运用相关技术标准进行设计表现 2. 能运用不同艺术风格进行设计表现	
	(四)设计管理	1. 能进行设计方案优化筛选与审核 2. 能进行项目功能性评价和艺术评价	
二、储运包装设计	(一)储运环境调研	1. 能制订包装流通环境调研方案 2. 能制订和优化储运包装方案	储运环境检测方法
	(二)产品特性确定	1. 能通过试验手段测试产品脆值,绘制破损边界曲线 2. 能依据储运包装设计理论,提出产品改进设计的建议	1. 产品脆值测试方法 2. 产品破损边界确定方法
	(三)防护包装设计	1. 能提出外包装容器优化设计方案 2. 能分析和优化防护包装设计方案	1. 缓冲包装设计方法 2. 储运包装技术与工艺
	(四)包装检测与评价	1. 能评价包装件试验方案和包装质量 2. 能评价储运包装的经济性和合理性	1. 储运包装测试技术 2. 数据采集与分析方法

续表

职业功能	工作内容	技能要求	相关知识
三、包装工艺设计	(一)工艺方法设计	1. 能跟踪新技术、新工艺的发展,并在包装工艺设计中加以应用 2. 能根据产品的特性、储运条件、销售对象及方式,提出创新的包装工艺和方法	1. 物品流通环境分析和包装相关参数确定方法 2. 包装工艺优化设计方法
	(二)容器成形设计	1. 能设计结构复杂的包装容器,确定相关技术参数和性能指标,并确定相应的成形方法和设备 2. 能进行多种包装材料的合理组合与应用,以满足新型产品的包装要求 3. 能分析、评价包装的各项性能	1. 纸包装加工工艺和设备配置系统设计方法 2. 塑料包装加工工艺和设备配置系统设计方法 3. 金属包装加工工艺和设备配置系统设计方法 4. 复合包装材料结构设计方法
	(三)包装工艺过程设计	1. 能对各种包装工艺规程进行综合评价,并提出相应的改进方案 2. 能根据不同的包装工艺要求配制相应设备,并加以评价 3. 能针对特种产品的包装制订包装控制方法	1. 包装工艺过程方案确定与评价方法 2. 包装设备配置与优化方法 3. 包装工艺过程自动控制设计方法
	(四)包装过程质量控制	1. 能制订包装工艺规程 2. 能进行包装品质评价	1. 包装工艺规程制定原则与方法 2. 包装品质评价方法

二、包装设计行业协会与企业　　TWO

1. 包装设计行业协会

1) 国际包装设计协会

国际包装设计协会(PDC)是世界上享有盛誉的包装设计组织,成立于1952年,总部设在美国纽约市。该协会拥有260名团体会员(包括中国),每隔一年举办一次包装设计金奖赛。金奖赛向攻读包装设计专业的学生提供15 000美元的奖学金。

2) 中国包装设计协会

①中国包装联合会(China Packaging Federation),是经国务院批准成立的国家级行业协会之一,其前身中国包装技术协会成立于1980年,经民政部批准于2004年9月2日正式更名为"中国包装联合会"。联合会下设22个专业委员会,在全国各省、自治区、直辖市、计划单列市和中心城市均设有地方包装协会组织,拥有近6 000个各级会员。

中国包装联合会与世界上20多个国家和地区的包装组织建立了联系与合作关系,并代表中华人民共和国参加了世界包装组织、国际瓦楞纸箱协会、亚洲包装联合会、亚洲瓦楞纸箱协会、欧洲气雾剂联盟等国际包装组织。

中国包装联合会是中国包装行业的自律性行业组织，其宗旨是在国务院国有资产监督管理委员会的直接领导下，围绕国家经济建设的中心，本着服务企业、服务行业、服务政府的"三服务"原则，依托全国地方包装技术协会和包装企业，促进中国包装行业的持续、快速、健康、协调发展。

②台湾包装设计协会（Taiwan Package Design Association），是不以营利为目的的社会团体。该协会宗旨"团结互助、专业创新、国际交流"，旨在维持台湾包装设计师与亚洲设计师的友好关系，并向世界展现包装设计作品与理念，在国际设计舞台上参与活动和交流，以相互观摩、学习不同国家的文化与创作精神，共同寻求专业的成长空间，为台湾包装设计产业的进步而努力。

2. 包装设计相关企业

包装设计相关企业很多，学生可以就近进入相关包装企业了解具体情况，增长相关知识。

3. 包装设计公司对项目的运作流程

1）项目咨询

沟通项目详情，确认项目需求，确认项目是否处于设计的服务范围与能力范围。

2）了解项目报价

确认项目，认可设计公司提供的标准报价后，预约双方确定服务项目并签订服务合同，预付款支付。

3）项目启动

成立项目组，明确项目组人员分工，熟悉客户基本资料并开展内部调研与外部调研整体策划设计思路，阶段划分进行研讨确认。

4）方案设计

项目组研讨，根据阶段划分，按时提交策划设计方案，项目经理审查项目组整体方案，项目组对方案进行研讨，修正最终方案并正式提交。

5）方案论证

提交策划设计方案，与客户高层、企业项目组进行沟通，企业提出初步改善建议，设计公司对方案进行修订完善，并提交方案的最终确定稿。

6）方案实施

组织方案实施人员进行方案实施(印刷、制作活动的展开)。

7）项目结束

将项目最终定案的所有设计稿与方案稿结集、刻盘，并提交给客户留存，跟踪观察，并回访客户。

 小结

包装设计过程是一个多层次、多分类的系统工程，从行业到企业、从岗位到流程、从设计到工艺。设计师必须具备对包装设计行业及企业的宏观了解，更要具备岗位职业能力，了解行业制作规范。

 知识拓展

可以借助专业的调研公司或组织专门调研人员收集有效的关于包装设计师及包装行业资料，也可以通过设计师与委托方直接进行沟通交流、网络搜索、市场走访、图书资料查询等方式进行。

 思考题

1. 什么是包装设计师？如何做一名合格的包装设计师？
2. 包装设计师的工作程序与典型工作任务有哪些？
3. 包装设计公司对项目是怎样运作的？

 实训项目

拟写一份设计师职业规划书。

项目三
设计项目的启动

BAOZHUANG

SHEJI

YUSHIXUN

◀ ◀ ◀ ◀

◀ ◀ ◀ ◀

■ 任务名称

1. 成立包装设计工作室
2. 包装设计项目来源与接洽

■ 任务概述

通过对包装设计工作室及包装设计项目来源与接洽的基本知识的讲解，阐述包装设计工作室的基本架构、包装设计工作室各岗位的职责与任务，并让读者对包装设计项目来源与接洽有一定的了解。

■ 能力目标

1. 能根据设计公司的结构框架，组建包装设计工作室；
2. 能绘制包装设计工作流程图；
3. 能撰写项目分析报告。

■ 知识目标

1. 了解包装设计工作室的基本架构；
2. 了解工作室岗位及其任务；
3. 了解包装设计工作室的工作流程；
4. 明确包装设计的目的与任务；
5. 了解项目的相关内容（市场的基本情况、消费者的基本情况、市场相关产品与自身产品的基本情况）。

■ 素质目标

具有一定的沟通能力与洽谈技巧。

一、成立包装设计工作室 ONE

在经济全球化的今天，随着我国市场经济的不断发展，产品包装越来越受到企业的重视和消费者的青睐，我国的包装设计行业有了飞速的进步。在包装设计人才的培养和输出中，高校艺术设计专业起到一个很关键的作用，但由于目前大部分院校无法提供给学生真正与社会接触的机会，脱离市场的教育模式渐露弊端。学生不能很好地适应社会和商业市场的需要，定位模糊，一直以来还是沿用本科院校教学模式，轻视职业技能的培养，没有结合高职类学生的实际情况和社会需求，工学结合的教学更是无从谈起。现在把工学结合和项目化教学作为高职艺术设计人才培养模式的重点与切入点加以研究，更新教育思想观念，改革教育模式，强调技能的培养，引入实际项目，注重以项目驱动，建设以工作室制为核心的创新型包装设计教学新模式。

（一）包装设计工作室的基本架构

1. 包装设计工作室基本架构

包装设计工作室基本架构如图3-1所示。

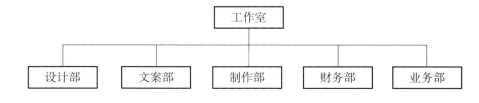

图3-1 包装设计工作室基本架构

2. 包装设计工作室各部门的职能

1）设计部

设计部负责包装的设计，对已接到的包装设计任务进行市场分析、主题设计、盒形的定位、大小的确认、包装重量的确认；产品的工艺要求，对已设计好的新品分析好制作的工艺要求，确定制作时应注意的事项，负责对产品工艺的对接；产品的跟踪与验收，负责对已下订单包装进行跟踪，对正在生产的新品应定期地跟踪和了解生产情况，并按时验收产品，核对入库数量等。

2）文案部

文案部负责包装开发系列等文案（包括开发新产品时应做的包装设计的产品系列文案，整个新品包装的规划文案）。

3）制作部

制作部全面负责公司包装设计的制作工作。制作部负责与有关制作单位洽谈业务，并对各种印刷技术的采用加以指导并提出建议。

4）财务部

财务部负责经费预算、决算和财务报表的编制；财务制度的拟订、实施和监督检查；成本核算与效益分析；财务管理和会计核算工作；收入、支出管理，收费、票据管理及专项资金管理；参与固定资产管理和重大设备项目招标。

5）业务部

业务部负责公司业务拓展、执行。业务部贯彻执行公司营销策略、销售政策、销售管理制度，及时了解和反馈市场信息，巩固已开拓的市场，提高市场占有率；密切与客户联系，建立和健全客户档案；为客户提供售前、售后服务，配合设计部、制作部工作。

（二）包装设计工作室各岗位的职责与任务

1. 项目经理

项目经理制订项目设计计划，编制设计实施方案并主持执行，确保项目设计的进程。

2. 业务员

业务员负责与客户的业务联络，送稿复审确认和审核制作的校样稿。业务员要求对包装制作和媒介等很熟悉。

3. 设计总监

设计总监在公司中做得更多的是"人"的工作，负责制订流程、控制项目质量、培训团队等，但是在重要的设计项目中，设计总监的设计角度和方式往往是起决定作用的。设计总监的主要职责为制订产品设计策略和计划、组织市场调研、组织设计等。

4. 设计师

之所以说设计师是催生一款优秀包装的灵魂人物，是因为包装承载的各种目标、要求与条件，都需要汇总于此并得以升华。商品信息的传达、品牌形象的传递、包装使用功能的设计、包装促销功能的实现、包装生产成本的控制等因素，都需要通过包装设计师的工作来进行创造性的融会贯通。

做好设计前期调研，找好设计定位，制订合理的设计策略，从初稿提案交流到逐渐完善的设计定稿，这些都是设计师的具体任务与分内工作。包装设计师的核心价值在于确保包装的货架竞争力并有效吸引目标消费者。

二、包装设计项目来源与接洽　　　　　　　　　　　　　　　　　　TWO

（一）项目来源

1. 基于开发新产品的必备与重要条件

有个性才有差别，有差别才能有市场。新产品包装设计中的差别不是要体现设计者的个性，而是要体现企业的个性，体现消费者能够接受的个性。随着物质生活的丰富，商品的可区别性越来越弱，可替代品越来越多以及同质化现象日益严重，促使企业在将新产品推入市场的时候不得不做更多调研和部署。色彩醒目、包装新颖的产品容易吸引消费者的眼球，突破消费者心理上原有的定位，使产品的生命周期迅速地转入成熟期，这就使得对新产品的包装设计成为包装设计项目最广泛的来源。

2. 基于新市场提出的需求

现代包装设计是为人们日益丰富的物质生活和精神生活所服务的，市场 = 消费者(顾客) + 购买力 + 欲望(需求)的产生，所以现代市场的欲望(需求)的产生就应该成为设计所要关心的问题。"为消费者而造"，否则包装设计也就没有价值。设计者必须以市场为前提来研究，这是设计出好的包装的关键，是此产品能否首先让消费者去关注和购买的一块试金石。好的包装设计在一定程度上既要满足一部分对视觉要求很高的受众的需求，也要满足大众的审美要求。要了解，包装设计研究的市场和市场营销中所讲的细分市场是一致的，而适应市场的包装设计要达到"雅俗共赏"的要求。现代包装设计的受众不再是个别人群，而是消费者大众，即要了解他们共同的需求目标和消费能力所在，以及在市场细分中有相同或相似需求的人共同组成的市场，做好包装设计与市场营销学研究的工作，汲取市场营销学的先进研究方法，逐步细化地研究包装设计与市场营销学中的区别和共同点。

3. 基于配合产品更新的策略

当今的科技发展日新月异，在竞争激烈的现代商品社会中，消费者对产品的需求已呈现出越来越多元化的趋势，企业产品的更新换代速度也随之加快。面对市场疲软、竞争加剧、强手如林、资金短缺的营销环境，绝大多数企业只有一种选择，那就是进行详尽而周密的市场调研，分析消费者的购买动机、购买习惯以及购买决策过程，运用正确的市场策略定位，找到企业在市场中的生存空间和营销间隙，扩大市场，争取市场占有率，控制并巩固企业自身的市场地位。这一方面是社会主义市场经济的必然结果，另一方面也为包装设计走向市场创造了一个良好的外部环境。因此，在包装设计中必须将市场、设计、生产和消费统一在一个系统中，以人为对象，把包装设计看做是一个有机联系的整体进行研究探讨。

4. 基于企业与商标品牌的市场竞争计划

关于品牌，早在 20 世纪 50 年代便由著名的广告大师大卫·奥格威做了界定。他说："品牌是一种错综复杂的象征，它是品牌属性、名称、包装、价格、历史、声誉、广告方式的无形总和。品牌同时也因消费者对其使用的印象，以及自身的经验而有所界定。"在美国营销协会给出的定义是："品牌是一种名称、术语、标记、符号或设计，或是它们的组合运用，其目的是借以辨认某个销售者的产品或服务，并使之同竞争对手的产品和服务区别开来。"通过以上两条对"品牌"概念的界定，不难看出品牌是一种蕴含品牌主产品及服务个性的各种符号集合。品牌也是连接企业和消费者的桥梁——它确定了某一产品及服务的归属者、实现或是提升了产品或服务的价值，从而激发消费者的消费行为；同样消费者也会通过消费经验对不同品牌的相同商品进行评价和选择。所以品牌就像一把双刃剑，一方面是打开市场、占领市场的金钥匙；另一方面也可能成为毁掉产品或企业的始作俑者。品牌定位是品牌建设的前提，对企业开发市场，赢得消费者起着领航的作用。有效的定位能在目标消费者心中树立鲜明的品牌性格与形象，从而能够将有效的品牌信息传达到有效的目标消费主体中，而错误的定位不仅不利于树立品牌形象，而且会将后续的品牌建设付诸东流。所以品牌定位在整个品牌策略中有着不可估量的作用。

5. 基于同类商品新的竞争厂家与产品的出现

随着全球经济化进程的加快，越来越多的企业意识到在激烈的国际市场竞争和复杂多变的外部环境中，要想求得生存和长远发展，就必须站在全局的高度去把握未来。高效高速的信息传播和科学技术的高度发展带来的产品低差异化，导致企业由产品竞争、资本竞争转移到品牌竞争上来。品牌价值成了企业的核心竞争力，品牌策略也就成了市场主导。而包装作为产品中不可或缺的一部分，也在品牌竞争中扮演着重要的角色。

6. 基于计划改变其产品的特征

基于新技术的应用、消费者认同习惯等因素，商家的产品就经常存在计划改变其产品特征的问题，这也就使得包装设计要根据被包装的产品的性质、形状和重量进行相应的改变。

7. 基于新包装材料的推出和运用

包装发展到今天，所使用的材料非常广泛，从自然元素到人造包装材料，从单一材料到合成材料。古代包装材料取自自然，包装虽然简单质朴，但却最接近人心灵，渐渐形成了独特的东方风格，许多包装深受人们喜爱。如端午节的粽子，用清香的叶子包裹糯米，形状为独特三角形，再用绳线捆扎，非常美观。现今包装材料随着科学技术的发展日新月异，同时也促进着包装形态千变万化。包装材料不仅来自大自然，而且更多使用现代化工复合材料，如易拉罐、软包装饮料等。无论是何种材料，在设计师眼中都富有生命力，充满情感。近年来，随着经济的发展，人们对生活的要求也越来越高，对包装的要求也越来越高，要求包装新颖的同时，更要求无毒无害。传统包装的材料及不合理的设计，导致污染严重，对环境造成很大的威胁。绿色包装适应现代包装发展需求，越来越受到商家、消费者的认可以及设计师的青睐。

8. 基于包装成本的改变

近年来包装业者与食品、零售业者，应消费者需求，在包装技术突破、包装创新、减少包装材料损耗及生产成本等方面，共同合作寻求解决方案。杜邦创新包装竞赛为全球包装业内举办最悠久的竞赛，是从业者互相观摩及学习的重要平台，前述各项食品包装创新亦是竞赛关注的焦点与核心，创新为永续发展之王道，杜邦创新包装竞赛不仅鼓励从业者应用新包装材料或新技术，亦期以新概念与新模式，将消费价值纳入包装设计中，例如易开启、易携带、使用简便、可重复密封等，部分创新包装设计甚至改变消费者的使用和烹调方式，而自包装竞赛得奖产品中可看出，近年包装创新所侧重的焦点，除满足便利性消费需求外，新颖性包装生产技术之应用、植物来源包装材料与轻量化包装的开发、功能性包装材料的推广成为重要发展趋势。

（二）项目接洽

1. 与客户前期的沟通，明确客户信息及项目设计要求

与终端消费者不同，客户，是委托设计并审验设计方案的第一"消费者"。客户是给设计发"准生证"的人，他们是确定是否将设计方案投入市场进行销售的人。

客户总是期望通过设计带来好的销售。但是很多时候客户会这样对设计方说："我们有这样一款产品需要包装设计，你看看需要多少费用？"或"我们需要为这款产品做包装设计，你给看看。"如果设计方不先就一些基本的问题和客户沟通，就盲目报价或开始设计，往往会把自己置于被动的处境。当一个包装设计任务在手时，不要忙于从主观意念出发实行设计，所做的第一件事应该是与产品的委托人充分沟通，以便对设计任务有详细的了解。具体包括以下几方面。

1）了解产品的使用对象

顾客性别、年龄以及文化层次、经济状况的不同，形成了他们对商品的认购差异，因此，产品必须具有针对性，只有掌握了该产品的使用对象，才有可能进行定位准确的包装设计。

2）了解产品的销售方式

产品只有通过销售才能成为真正意义上的商品，产品经销的方式有许多种，最常见的是超市货架销售，此外

还有不进入商场的邮购销售以及传销直售等，这就意味着所采取的包装形式应该有所区别。

3）了解产品的相关经费

产品的相关经费包括产品的售价，产品包装广告的预算等。对经费的了解直接影响着预算下的包装设计，而每一个委托商都希望以少的投入获取多的利润，这无疑是对设计师的巨大挑战。

4）了解产品包装的背景

一是委托人对包装设计的要求，二是该企业有无企业视觉形象识别设计计划，要掌握企业识别的有关规定，三是明确该产品是新产品还是换代产品，所属公司旗下的同类产品包装形式等。了解产品包装的背景，以便制订正确的包装设计策略。

5）了解产品本身的特性

产品本身的特性如产品的质量、体积、避光性、防潮性以及使用方法等。不同的产品有不同的特性，这些特性决定着其包装的材料和方法应符合产品特性的要求。

2. 市场调研

市场调研是设计过程中的一个重要环节，它能使设计师掌握许多与包装设计相关的信息和资料，更有利于制订合理的设计方案，它包括以下几点。

1）对产品市场进行了解

从市场营销的理念来说，顾客的需要和欲望是企业营销活动的中心和出发点。设计者应该依据市场的需要发掘出商品的目标消费群，从而拟定商品定位与包装风格，并预测出商品潜在消费群的规模以及商品货架的寿命。

2）对包装市场现状进行了解

对目前的包装市场状况进行调查分析，包括听取商品代理人、分销商以及消费者的意见，了解商品包装设计的流行性现状与发展趋势，并以此作为设计师评估的准则，总结归纳出最受欢迎的包装样式。

3）对同类产品包装的了解

及时掌握同类竞争产品的商业信息，这对于设计师来说是调研中必不可少的环节。从设计的角度，对竞争产品的包装材料、包装造型、包装结构、包装色彩、包装图形以及包装文字等进行分析，分析竞争产品的货架效果，了解它们的销售业绩，这会给即将展开的设计带来极大的益处。若产品有明显的地域消费差异性，就需要对不同的地域展开调查，调研时要有效地使用人力和物力资源，避免重复和浪费。

3. 项目接洽应注意的事项

有些时候，客户可能有自己的设计思路，比如需要强调什么信息，需要什么风格等。可能他们会一手拿着自己的产品，一手拿着自己选择的包装样本，说："我们希望把包装做成这样风格的。"甚至干脆说："就照这个做吧！"如果客户怎么说，设计方就怎么做，最终的结果，极可能是双方合作关系的迅速终结。因为既然这样，客户自然会觉得，他们其实也可以做设计，只需要找个计算机操作员来按照他们的意见执行就可以，何必白花这笔设计费。客户花钱请专业设计师，买的是客户需要但他们自己做不出来的、做不好的那部分内容，即设计方的设计经验、设计创意与表现能力，还有设计师的审美素养。训练有素的包装设计师，好比是客户和目标消费人群间信息沟通的桥梁，他们知道在具体的设计中如何承载委托方的需求，并运用目标消费人群更容易接受的方式，把信息通过视觉的方式传达出来。所以说，客户真正需要的，是设计师的这种对信息与风格的综合掌控和提升能力，是在商品与大众之间驾轻就熟的视觉沟通能力。这是商业包装设计师的核心价值，也是设计师能够真正完成好设计委托，并提升客户价值预期的保证。

在与客户交流的过程中，设计师一定要耐心听取客户的意见，他们通常是本行业的营销专家。他们会从专业的角度，介绍他们的行规，并有意无意地流露出他们的喜好。此外，设计师还应该站在整合营销的高度，并结合视觉传达的规律，结合包装设计的专业特性，提出设计方的观点。设计师应围绕目标市场，运用举例或者排除的方法，和客户一起探讨出具体包装设计真正需要的内核是什么，使设计的定位和方向逐渐明晰。

 小结

　　作为一名包装设计师，除了要具备基本的具体岗位的职业能力，同时也需要具备一定的管理能力，而管理能力主要体现在对团队的组建、对业务的承揽与洽谈上。通过本项目任务的学习，可以培养及提高团队组建及业务洽谈的能力，为具备良好的管理能力和素养奠定一定的基础。

 思考题

　　1. 包装设计工作室的基本部门有哪些？需要设哪些岗位？各岗位的职责有哪些？
　　2. 包装设计项目来源的途径有哪些？项目接洽应注意哪些要点？
　　3. 分析制作包装项目设计任务书的意义。

 实训项目

　　1. 试组建一个包装设计工作室。
　　2. 模拟开展包装设计项目接洽过程。

项目四
包装设计的准备

BAOZHUANG
SHEJI
YUSHIXUN

◂ ◂ ◂ ◂

◂ ◂ ◂ ◂

■ 任务名称 ▌

1. 包装设计的准备理论
2. 包装设计的准备实践

■ 任务概述 ▌

通过本项目的学习，使读者了解和掌握包装设计准备工作中的具体内容和相关环节。涵盖从包装设计收集资料到设计草图完成的全部内容，要求读者按照知识内容罗列顺序环环深入。

■ 能力目标 ▌

1. 能够利用图书资料、网络资源，搜集设计项目相关资料；
2. 能够有针对性地进行市场调研；
3. 能够撰写调研报告；
4. 能够将设计构思绘制成草图。

■ 知识目标 ▌

1. 掌握市场调研的方法；
2. 了解市场调研的内容；
3. 掌握商品定位法则；
4. 了解包装设计定位的内容；
5. 了解包装的策略；
6. 掌握绘制包装设计草图的知识和技巧；
7. 了解方案优化及后续程序。

■ 素质目标 ▌

1. 能操作 Word 软件与 PPT 软件，对方案进行文档与图片处理等集册工作和方案演示汇报；
2. 能守时，善沟通，懂协作。

一、搜集相关资料 　　　　　　　　　　　　　　　　　ONE

1. 设计规范与参考资料的搜集

包装设计前的资料搜集工作需明确包装设计目的及设计规范。从商品经济的角度讲包装设计的含义包括两层：一是保护商品的安全，二是促进商品的流通。所以，在包装设计中应严格围绕以上两层含义进行，努力实现包装保护商品、传递信息、提升销售、方便消费的功能。包装设计是一门交叉性和综合性很强的学科，它涉及包装材料、包装容器、包装设计、印刷工艺等方面，在包装设计前必须充分准备资料，借鉴参考成功案例，为包装设计的展开做好足够的准备。

2. 相关资料搜集的方法与途径

为即将进行的包装设计搜集有效的资料是影响包装设计发挥的重要因素。搜集资料可以借助专业的调研公司或组织专门调研人员进行，也可以通过设计师本人与委托方直接沟通交流、网络搜索、市场走访、图书资料查询等方式进行。

二、设计项目分析与签订设计合同 　　　　　　　　　　　　TWO

1. 设计项目分析

设计项目分析是开工前的必要工作，主要是根据企业和产品的实际情况，从项目的实施内容、项目时间、项目收益和项目回报率等要素进行分析思考，这是一个宏观的大框架，所有设计细节需要在这个大框架上深入延伸。

2. 签订设计合同

1）设计合同

签订设计合同是当事双方在项目开展前应当完成的一项工作。设计合同能够保障项目在约定的时间内顺利完成，为项目的开展起到监督作用，保护当事双方的利益。当约定事宜没有按约定实现时，设计合同就是重要的法律维权凭证，所以在设计项目启动前签订设计合同是很有必要的。

2）包装设计合同范例

图 4-1 所示为包装设计合同范例。

合同编号：

包装设计合同协议

项目名称：

甲方：　　　　　　　　　　　乙方：
地址：　　　　　　　　　　　地址：
联系电话：　　　　　　　　　联系电话：

甲乙双方根据《中华人民共和国著作权法》、《中华人民共和国合同法》等相关法律、法规的规定，本着诚实信用、平等互利的原则，经友好协商，就甲方委托乙方关于甲方在夕阳红养生酒包装设计中的工作事宜，达成如下协议：

一、委托事项

甲方委托乙方对甲方进行夕阳红养生酒包装设计（包括：夕阳红养生酒品牌策划定位设计、夕阳红养生酒品瓶造型设计及瓶贴设计、夕阳红养生酒包装盒设计及手提袋配套设计）

二、委托创作期限和要求

甲方委托乙方活动期限为：（　　　　　　　　　）

三、费用和支付方式

1. 甲方委托乙方活动执行费用为：共计人民币（大写）（小写）

2. 付款方式：

甲方分两次向乙方支付款项。

甲乙双方签订本协议之时，甲方支付合部费用的 50%，即人民币（大写）（小写）

乙方完成本次活动，活动结束后 5 个工作日内，甲方支付全部费用的 50%，即人民币（大写）（小写）

四、甲方的权利和义务

1. 甲方应按本合同约定向乙方支付费用。

2. 甲方在乙方活动执行阶段，有权提出自己的意见，乙方应当配合甲方工作至甲方满意。

五、乙方的权利和义务

乙方应当严格按照本合同约定保质保量完成工作，并及时向甲方交付成果。

六、争议解决

因本合同的解释或履行发生的任何争议，双方应本着诚信的原则友好协商解决，协商不成的，任何一方有权向甲方所在地有管辖权的人民法院提起公诉。

七、附件

1. 本合同的附件，经双方签署后，与本合同具有同等法律效力。

2. 本合同未尽事宜，甲、乙双方以补充协议的形式加以约定。有关本合同的任何补充协议，都将成为本合同不可分割的一部分，并与本合同具有同等法律效力。

3. 本合同以中文作成，一式四份，具有相同的法律效力：由甲、乙双方各持贰份。

4. 本合同自双方法定代表人或授权代表签字并加盖单位印章之日起生效。

甲方：　　　　　　　　　　　乙方：
（盖章）　　　　　　　　　　（盖章）
地址：　　　　　　　　　　　地址：
经办人：　　　　　　　　　　经办人：
电话：　　　　　　　　　　　电话：
甲方负责人或被授权人签字：　乙方负责人或被授权人签字：
时间：　　　　　　　　　　　时间：

图 4-1　包装设计合同范例

3）签订包装设计合同注意事项

在包装合同上应当明确甲乙双方的权利与义务，明确各设计阶段实施细则，如各阶段的任务要求、完成时间、完成后酬劳支付方式等要求。

三、制定进度表，进行市场调研 THREE

（一）制定项目设计进度表

1. 制定项目设计进度表的意义

制定项目进度表是为了保障项目在约定的时间内有序完成，为项目的开展起到监督作用。

2. 项目设计进度表的要素

项目设计进度表的要素有：项目范围定义与完成时间、按合理的工作量分解项目、流程计划、项目各部分负责人员、项目设计过程中与客户的交流设置、项目验收过程。

3. 项目设计进度表范例

图 4-2 所示为项目设计进度表范例。

项目进度表

项目名称：

项目内容：

项目时间：

实施细则：

项目时段	项目内容	项目负责人

每阶段都要在预计时间内完成，完成后交客户确认

图 4-2　项目设计进度表范例

（二）市场调研

包装设计属于商业设计范畴，不是纯艺术活动，其成败直接与经济利益挂钩，所以设计者必须先针对即将开展的包装设计项目进行真实的市场调查，了解产品信息、消费者信息、市场信息等，明确该产品在市场上的定位，才能让设计有效地进行。

1. 产品信息调查

1）生产企业的名称、历史、发展状况

生产企业是产品的源头，做好对生产企业的了解，有助于更好地对产品做好定位。应了解该产品的发展历史和发展状况，该企业在当下的经营模式、有无优缺点和可以改良的地方。

2）产品的知名度

了解产品的知名度，可以从产品本身和产品商标的知名度进行调查，了解商品投入市场后市场上的反应状况，有无不良影响，市场的占有率等。

3）产品的外形特征、体积、质量

各类产品的产品类别符号在人们心目中已经随着时间的发展形成了定式，如酒类包装、饮料类包装、五金包

装、食品包装、运输包装、销售包装，它们在包装方面都有着自己的特征，设计师在设计某类产品时应了解清楚产品的外形特征、体积、质量，并将这几个要素与产品的类别符号进行组合，这样设计出来的包装才能既符合产品各自的情况又符合产品的类别属性。

4）产品的类型

从情绪划分可以把产品划分为感性消费商品和理性消费商品两类。感性消费商品是指依赖情绪感染力来实现消费者购买行为的商品，如休闲食品、装饰品、零食等。感性消费商品就需要通过创新且情绪感染力强的包装设计来打动消费者。理性消费商品是指理性需求下需要购买的必需产品，如药品、必备食品、家用电器等。消费者在购买理性消费商品时，往往需要在理性消费商品的包装上了解到其特性、功能、价值、售后承诺等因素，这些因素是决定是否实现购买的重要参考因素，因此，在这类产品的包装设计上除了恰到好处的设计风格外，产品信息是否清晰传达是至关重要的。

5）商品属性和特点

商品属性是指商品固有的一种性质，而商品的特点是它这种固有的性质与其他商品相比较显现出来的独特之处。在系列商品中，在统一的品牌文化下找准并用合理的方式表现出商品的属性和特点，才能将商品的阵容扩大，使品牌影响增强。

6）用途、功能、性能使用价值

产品的用途、功能、性能使用价值是指产品能满足人们的哪些需要和人们在使用产品时能从产品上得到什么样的使用感受，这些信息可以帮助设计师更了解产品，帮助设计师对产品有效定位起到作用。

7）质量与生命周期

商品的生命周期是包装设计的重要依据之一。处于新兴阶段的商品，市场的同质化竞争较小，包装设计中最主要的是突出这种新产品的新价值。处于成熟期的商品，业内的同质化竞争已经出现，在包装上凸显产品本身的优势已经不是明智之举了，在这个阶段包装设计要通过品牌形象在包装上的凸显来吸引消费者。

8）产品的原材料

产品的原材料是指生产产品所需要的来自林业、牧业、渔业等方面的基本原料，了解产品的原材料是为产品包装材料的选择做准备。

9）产品的工艺和技术

产品的工艺和技术其实就是产品的制作方法，了解产品的工艺和技术是为了做出与产品属性更相符的包装，解决好包装与产品在物理功能上的和谐，在此基础上再创造内涵上的统一。

10）产品的成本、价格和利润

产品的成本、价格和利润是企业产出产品、销售产品、销售完成后这三个过程的金钱价值，了解各环节的金钱价值是为控制合理的包装成本做准备，包装成本不合理会对产品销售有影响。

11）产品纵横向的比较

产品的纵向比较是指从时间上对同一产品在各个不同的阶段状态进行比较，是了解事物发展变化规律的重要方法。横向比较是指在同一时间上将多种同类相关产品进行比较，这种比较可以了解同类事物的差异，可以知己知彼、扬长避短。

12）产品的销售地点

产品销售地点的选择直接关系到产品的销售情况，产品销售地点的选择应考虑该产品在此销售地市场上的占有率、扩大占有率的可能性等因素，销售地点的信息应该和包装上的信息相呼应。

13）产品的原包装

了解产品的原包装信息是为了了解原包装的优点和缺点，做到取长补短，让新包装在此基础上更好地发展。

14）存在问题

了解企业、产品销售、产品包装等现存问题是明确新包装设计改良方向的关键，新包装的设计应尽可能将现存问题解决掉。

2. 消费者调查

1）消费者信息调查

（1）了解消费者基本信息。

消费者基本信息是指消费者所在的地理人文环境、生活状况、消费层次、年龄、性别、受教育状况、国家、种族、宗教信仰等。

（2）了解商品市场潜在消费力。

了解商品市场潜在消费力其实就是在寻找和定位商品的消费群体，了解实际生活中此类消费群体是否对产品具有购买力，一旦确定下来包装设计就要围绕此类消费者群体进行设计。

（3）了解消费者的期望和要求。

消费者对每类商品优劣的评价，往往预先存有期待，实际对商品的满意度如果与预先期待持平，那消费者就会对此类商品有积极的期望，如果实际对商品的满意度低于预先期待的水平，消费者就会对此类商品产生一种"不满"，而这种不满就是对商品的要求。

（4）了解现有包装存在的缺点。

了解现有包装存在的缺点是为了让之后的新包装避免出现现有包装上的同类问题，提高新包装的合理性和附加值。

2）消费者心理调查

消费者的消费目的不同，消费心理也就不同，结合消费目的来说明以下四种消费心理的产生，为包装风格的设计提供重要的方向指导。

（1）讲究经济实惠的心理。

经济实惠的心理一般会出现在消费者购买日常生活必需用品时，这种消费目的只在于满足消费者长期以来物质上的必需要求，所以包装风格应简洁明了，体现出经济实用的风格特征。

（2）追求时尚、新颖的心理。

追求时尚、新颖的心理是消费者注意新鲜事物的一种心理倾向，商家可以在商品的包装设计风格和销售模式上走出以往的套路来满足消费者追求时尚和新颖的心理。

（3）追求品牌的心理。

追求品牌心理往往是消费者达到了对商品物质追求后，对商品产生的一种更高层次的精神追求。产生这种精神追求往往是因为消费者的精神追求与商品品牌的文化精神内涵一致。

（4）追求面子的心理。

追求面子的心理是指消费者的消费状态里需要考虑除了消费者本人和商品外的第三方的感受，是一种消费者本人希望在第三方精神活动中打造一种高级有档次的印象的心理。

3. 竞争对象的信息调查

1）了解目前包装市场状况

了解目前包装市场状况是为了寻求包装的差异化定位。合理的包装差异化定位可以帮助商品从众多商品中脱颖而出。

2）了解竞争商品的包装状况

了解竞争商品包装状况应从市场上消费者对包装的接受程度去了解，然后结合消费者的意见分析包装的材料、包装容器、包装技术、包装工程、包装设计、印刷工艺等。

3）针对竞争企业的调查

针对竞争企业的调查可以从企业的产品、价格、形象、渠道等方面去综合分析，得出竞争者的弱点或者空白，从而进行合理的差异化定位。

4）销售方式及销售时间

了解竞争对手的销售方式及销售时间，得出竞争对手在销售方式上的特点，分析其优势，合理地效仿甚至是更好地创新。了解竞争对手的销售时间后，在销售时间上做出正确的销售时间策略。

4．实施调研

1）访问调研法

（1）面谈调研法，其优点：面谈调研是一种直接快捷得知各类人群对商品的感受和印象的方法，在面谈中可以澄清受访者疑问，避免产生信息误差，但各类人群的看法意见各不相同且主观性强，这样就需要访问者具备客观分析整合信息的能力。

面谈调研法的技巧：面谈一定要在轻松自然的气氛中进行，要明确主题，确保能从受访者那里尽可能地获取最真实有效的信息。

（2）电话调研法，也是一种直接快捷且可以跨越距离影响的调研方法，但与面谈调研不同的是不能与受访者面对面，访谈的时间长度也有一定的限制。

电话调研的技巧：明确主题，争取在较短的时间内获取更多的有效信息。

（3）邮寄调研法，其优缺点：邮寄调研可以跨越距离的影响，但提问和回答不能同步进行，甚至不能监督参与，这样可能会影响调研进度，甚至延长整个设计周期。

邮寄调研的技巧：邮寄调研应该与能提高受访者参与效率的方式相结合进行，提高调研效率和真实性。

（4）留置调研法，其优缺点：留置调研中受访者可以根据时间从容作答，但是访问人不能及时解答受访者的疑惑，由于不能监督作答，信息的可靠性有待考察，且成本高。

留置调研的技巧：确保受访者作答时间宽裕，要求受访者本人作答，确保信息真实性。

（5）网络调研法，其优缺点：可以充分利用网络的交互性的特点，可以及时共享调查结果，同时不受时间距离的限制，调研费用低，要避免故意扰乱调研的不良网络行为。

网络调研的技巧：明确调研主题，通过网络调研及时收到最新调研结果。

2）观察调研法

观察调研法的优缺点：采用直接观察，不通过中间环节就能获取真实客观的资料，但受时间和观察对象等客观因素限制，获取的调研信息量也受限制。

观察调研的技巧：根据调研对象的不同情况，选用适合调研对象的方法进行调研，根据观察调研的优缺点进行判断选择。

3）实验调研法

实验调查就是指按照一定的实验假设，通过改变实验的某些条件来认识实验对象的本质及其发展规律的调查。实验调查法调查结果比较客观、实用，具有可控性和主动性，但在试验中较难控制，不易做好保密工作，实验费用也较高。

4）文案调研法

文案调研法是指通过阅读、检索、筛选、剪辑等手段搜集资料的一种方法。文案调研法可以获得丰富的信息资料，且信息获得较为方便容易，能够节省时间和精力，信息较为客观准确，但文案调研法无法搜集市场的新情况、新问题，直观感受较弱。

5. 调研结果分析

1) 造型倾向

根据产品的属性和市场上同类产品的情况，使产品的造型既符合一般同类产品的类别属性又有产品各自的特点，对产品造型做个性化的造型分析更能吸引消费者的目光，使产品从同类产品中脱颖而出。

2) 色彩倾向

产品的色彩倾向根据市场调查要做到既能正确表达产品属性、表现产品风格，又能使产品从货架上众多产品中脱颖而出这两个方面进行考虑。

3) 生产工艺过程和加工精度

根据市场调查可以较准确地了解人们对产品的使用要求，人们对产品的使用要求决定了产品包装工艺和加工精度，根据工艺和加工精度确定具体的工艺过程。

4) 产品的用途和使用方法

将市场调查来的数据与产品预先设计的用途和使用方法进行对比，了解消费者最需要的用途和使用方法，在此基础上对以往包装进行改进，提高包装使用的良好感受。

5) 产品档次

通过市场调查了解产品的市场占有和需求情况，如送礼需求、外带需求等，根据市场调查来决定产品的档次设计。

6) 对广告宣传的要求和计划

通过市场调查了解产品在市场上的品牌影响情况，再判断是需要增大影响，还是稳定现状，还是需要弥补市场空白，通过这样的分析确定相对应的广告宣传计划。

7) 企业对产品包装的构思与喜好

通过与企业员工的交谈，了解企业对产品包装的构思与喜好，将企业合理的构思融进包装设计中，营造一个良好的沟通环境，引导企业对包装设计产生良好建议和需求。

四、设计定位 　　　　　　　　　　　　　　　　　FOUR

(一) 依据企业品牌的定位制定项目设计进度表

1. 品牌个性定位

品牌个性是品牌区别于同行其他品牌的显著特征。在今天这样一个同质化严重的时代，商品有品牌个性显得尤为重要，好的品牌个性可以帮助商品从众多同类化商品中凸显出来，赋予商品精神内涵，增强商品的竞争力。

2. 品牌价值观的提炼

品牌价值观是指企业在经营实践过程中所推崇的企业经营的基本信念和目标，每个品牌都应树立品牌价值观，企业应该用品牌价值观来感染消费者。

3. 品牌概念的提出

品牌概念是指能够吸引消费者，并且能够让其建立品牌忠诚度，进而使客户树立品牌优势的观念。

4. 品牌口号的提出

品牌口号是指能体现品牌价值、品牌概念和代表消费者利益的宣传用语。

(二) 产品的定位

1. 产品特色定位

产品特色定位是指寻找此款产品与同类产品相比某一更具有优势的特点，将这一特点作为产品特色进行宣传。

对产品进行特色定位是为了明确产品特色设计方向。

2．产品功能定位

产品功能定位要求明确产品的使用属性。产品的使用属性是产品包装上的重要信息，消费者只有明确了包装上产品的使用功能信息，才能确认是否需要购买，消费者购买该产品的可能性才能增大。

3．产品档次定位

产品档次定位是包装设计前的必要步骤，要根据产品针对的目标消费者、产品的用途等产品自身具体情况来判断，不是所有的产品都需要高档次的包装，所以要根据产品的具体情况定位，不要造成不必要的浪费。

4．产品产地定位

对产品的产地定位需要挖掘产地的地域文化优势，在包装中渲染展示地域文化优势是在进一步明晰产品信息，突出产品个性。

5．传统特色定位

根据产品的价值和属性判断是否需要挖掘产品的传统特色，有的产品是现代产物，对其进行传统特色定位显得不合适，对传统产品设计包装就要对其进行传统特色定位，挖掘其传统特色体现其文化内涵。

6．纪念性定位

某些特定场合或事件后需要留下一些记录场合或事件的痕迹，这个留下痕迹的行为就是纪念，产品参与纪念作为纪念的载体，这个产品就是所谓的纪念产品，为纪念产品设计包装首先就要为产品的纪念意义定位，思考需要赋予什么样的纪念意义在产品上。

7．象征性定位

对产品的象征性定位就是定位需要附加在产品身上的精神内涵，对产品象征性定位是为包装设计选择合理的元素做准备，产品的象征性是通过包装设计中的具象元素进行表达的。

8．礼品性定位

产品的消费需求中如果有送礼的需求，就应该为产品设计礼品装，对产品进行礼品性定位要根据送礼的时间、送礼的对象、送礼地点进行综合定位。

（三）文案的定位

文案的定位就是指定位能合理表达卖点的文字性内容，且这些文字性内容能与包装设计呼应融合，增强包装设计的附加值内涵。

（四）消费者的定位

根据企业品牌特点及产品特性设计的包装不一定就能顺利被消费者接受，正所谓众口难调，但是可以尽可能满足消费者对包装的需求，做包装设计时除了做好企业品牌定位和产品定位还要做好此产品主流消费者的定位。主流消费者是对应商品的生力军。从以下三点进行分析定位。

1．地域区别定位

不同地域生活的消费者有着不同的文化、审美，包装设计风格也就随之不同。英国的包装设计比较注重英国市民消费文化的传承；德国的包装设计体现出德国人民一贯的理性传统特征；法国的包装设计散发出的是一种浓浓的浪漫情怀。

2．生活方式区别定位

生活方式区别定位主要从经济收入层面来划分定位，经济收入成为现代人生活方式的主要决定因素之一，所以从经济层面可将消费者划分为如下几种。

普通工薪族——收入中等，讲求经济实惠，没有太多的时间和心思来欣赏包装。

都市白领族——收入中、高等，追求休闲、时尚、前卫，对新生事物感兴趣，对包装较为讲究。

成功人士——收入颇丰，追求品位，对包装有档次要求。

3. 生理特点区别定位

生理特点区别定位主要从年龄段和性别来区别定位，首先要明确包装产品的主要消费者，然后对该人群的生理特点进行分析。如儿童类的包装就要根据儿童喜欢绚丽色彩、可爱的卡通造型等视觉喜好进行定位设计。如果同一款产品的受众生理特点发生了变化，则包装也应该做相应的调整，如同一品牌下的男性专用洗面奶和女性专用洗面奶设计风格也不一样。

快题训练：写出五种不同类型产品的定位文案。

五、包装设计策略　　　　　　　　　　　　　　　　　　　　　　FIVE

1. 系列包装策略

企业的发展、产品数量的增多必然会促使产品包装呈现多样化、系列化地发展。系列包装策略能使产品有着统一的视觉形象便于形成产品阵营，增强品牌效益。

2. 等级化包装策略

等级化包装策略是企业为了区别产品的不同档次而用不同的包装风格、包装材质来突出不同档次产品的特性的一种策略，这种策略可以让产品在系列化中突出特点，为消费者提供更多选择，但成本较高。

3. 便利性包装策略

便利性包装策略是从消费者的角度来考虑增加对包装的人性化设计，旨在消费者使用产品的过程中带给消费者方便，提高消费者对包装使用的良好感受。

4. 配套包装策略

配套包装策略是指一种为相关产品的配套销售做包装设计的策略，这种策略可以使消费者觉得产品比较实惠。

5. 随附赠品的包装策略

随附赠品的包装策略是指为了点燃消费者的购买欲望，促成消费者的购买行为的包装策略。

6. 更新包装策略

更新包装策略是为了防止消费者对包装产生视觉疲劳，定时更换新包装来刺激消费者视觉以保持消费者对品牌的持久关注的策略。

7. 复用包装策略

复用包装策略实际就是指一种能重复使用包装的策略，复用包装可以降低产品的成本，减少环境的污染，是一种环保型的包装策略。

8. 企业协作的包装策略

企业协作的包装策略是在企业品牌影响力不够的情况下体现在包装上的借助相关知名品牌的力量来推广和宣传品牌形象的包装策略。

9. 绿色包装策略

绿色包装策略是指在包装装包的材料方面选择无毒无害的，使用方式上达到较高效利用且尽可能地遵循可持续发展的原则的包装策略。

快题训练：选定某样商品作为调查对象，进行市场调查，并对此包装的改良提出新的设计定位及理论依据，制订重新包装的策略。

六、包装设计草案　　　　　　　　　　　　　　　　　　　　　　**SIX**

1. 设计写生

　　设计写生指的是设计师为保证设计素材的适合性和原创性的一种最基本的素材搜集，这种素材搜集需要设计师用手绘的方式快速记录与设计主题相关的众多内容素材，如图4-3所示。

图4-3　手绘包装设计草图（邓溙遛洋狗包装改良设计）

2. 设计草图

　　设计草图是在众多搜集的素材中选择出最适合的一种或几种素材用手绘的方式朝包装设计方向进行深化，初步呈现包装，为之后设计的深入提供基础，如图4-4所示。

图4-4　深入后的手绘包装设计草图（邓溙遛洋狗包装改良设计）

3. 方案优化及后续程序

1）方案优化

方案优化是在设计草图的基础上使用平面排版软件注重核心信息的安排设计，在包装的整体风格上进行深入探索，追究细节设计。

2）定稿

对包装设计的整体效果进行最后优化，然后打样，让客户确认定稿。

3）正稿制作

在客户确认定稿之后就可以准备印刷正稿电子文件。正稿文件要求检查颜色模式、尺寸与出血、精度、文件格式等。

4）交付生产、流通检验

将印刷正稿整理好交付印刷厂印刷。印刷前要与印刷厂确认文件、确认工艺流程、成品的效果要求、交付时间、印刷费用等。印刷完成后要检查成品是否达到了验收的要求。

 小结

包装设计前的准备工作是整个包装设计工程中的重点工作和基础，本项目知识点较多，学生应该选择围绕准确为产品定位的知识重点掌握。

 思考题

1. 对设计项目任务书的分析要注意哪些要点？
2. 签订包装设计合同时要注意的事项有哪些？
3. 项目设计进度表包含哪些要素？

 实训项目

1. 根据项目设计任务书的要求进行市场调研。
2. 根据项目任务书的要求撰写项目设计进度表。
3. 根据项目任务书的要求搜集并阅读包装设计行业规范。
4. 搜集标准图集资料、设计素材（图片、模型等电子版资料）。

项目五
包装容器造型设计

■ 任务名称

包装容器造型设计

■ 任务概述

通过对本项目的学习，理解并掌握包装造型制作的有关知识，掌握造型设计的艺术规律和设计原则，掌握容器造型及纸盒结构的设计方法，为以后包装设计课和毕业设计课程打下基础。

■ 能力目标

1. 能够处理造型形式与内容之间的关系；
2. 能够设计包装容器造型与纸盒结构；
3. 能够把创意通过设计实践充分表现出来。

■ 知识目标

1. 知道包装容器造型设计的概念；
2. 了解包装容器造型设计的原则；
3. 知道包装容器造型的制作工具和材料；
4. 知道包装容器外观造型的种类；
5. 了解包装容器造型设计的方法；
6. 知道确定包装容器体量的因素；
7. 知道包装容器造型的设计程序；
8. 知道包装容器造型的设计步骤；
9. 知道包装容器造型设计注意的问题。

■ 素质目标

1. 培养读者对包装容器造型的初步认识能力；
2. 加强读者对包装容器设计的种类及方法的认识；
3. 具有创新意识和敬业精神。

随着社会日益的进步和发展，包装设计的作用逐渐从保护被包装的商品，防止损坏，便于运输、储藏和消费者携带，转变为满足美观大方需求、促进品牌的销售。有人认为，每个包装设计都是一幅广告牌。良好的包装能够提高新产品的吸引力，包装本身的价值也能成为消费者购买某件产品的动机。此外，提高包装的吸引力要比降低产品单位售价的代价低。品牌包装设计应从商标、图案、色彩、造型、材料等构成要素入手，在考虑商品特性的基础上，遵循品牌设计的一些基本原则，如保护商品、美化商品、方便使用等，使各项设计要素协调搭配，相得益彰，以取得最佳的包装设计方案。如果从营销的角度出发，品牌包装图案和色彩设计是突出商品个性的重要因素，个性化的品牌形象是最有效的促销手段。

一、包装容器设计的概念 ONE

包装是品牌理念、产品特性、消费心理的综合反映，它直接影响到消费者对产品的购买欲。包装是建立产品与消费者亲和力的有力手段。经济全球化的今天，包装与商品已融为一体。包装作为实现商品价值和使用价值的手段，在生产、流通、销售和消费领域中，发挥着极其重要的作用，是企业界、设计者不得不关注的重要课题。包装的功能是保护商品、传达商品信息、方便使用、方便运输、促进销售、提高产品附加值。包装作为一门综合性学科，具有商品和艺术相结合的双重性。

包装容器设计又称形体设计，大多指包装容器的造型设计。它运用美学原理，通过形态、色彩等因素的变化，将具有包装功能和外观美的包装容器造型，以视觉形式表现出来。包装容器必须能可靠地保护产品，必须有优良的外观，还需具有相适应的经济性等。

二、包装容器造型设计的原则　　　　　　　　　　　　　　TWO

1. 符合商品特色原则

包装容器的造型要与被包装的商品使用类型、使用方式、使用环境相契合，能最大限度地表现出商品的特征及类型，以便消费者选用识别。

2. 使用便利性原则

包装容器的造型要符合科学原理，方便消费者使用。比如提拉、摆放、折叠等方式利于取放的功能。

3. 视觉与触觉兼顾原则

包装容器设计涉及色彩、材料、人体工程学、心理学、美学及社会学等多学科的理论知识，需要用相关的理论知识解决容器设计中的各种实际问题，做到视觉与触觉兼顾。

4. 符合人体工程学原则

包装容器是为商品设计的，更是为人设计的。设计时要考虑容器的大小、轻重等，包装容器结构设计要适合人的操作、充填、搬运、挑选、开启使用等行为活动。

5. 经济性原则

包装容器结构要合理，要选择合适的工艺技术和原辅料，避免设计过度包装和超大包装，提高标准化、系列化程度，实施适应成本和可控成本设计。

6. 独创性原则

任何一种成功的新型包装容器，独创性是必不可少的特征。新颖、独特、实用的包装容器可引起消费者的兴趣，能提高商品的竞争力。

图 5-1 所示为铅笔、橡皮擦造型的毛巾包装设计，作者为加拿大设计师 Hannah Jor。图 5-2 所示设计跨出了普通商品奶包装设计的条条框框，更多体现的是创意。

7. 工艺性原则

包装容器要尽量选择绿色材料，实施可回收重复使用、回收再生利用或轻量化的设计，力求实现包装产品生产加工的低消耗、低排放的生产过程，不给生态环境造成污染。

图 5-1　铅笔、橡皮擦造型的毛巾包装设计　　　　　　　　　　　图 5-2　牛奶包装设计

三、包装容器造型的制作工具和材料 THREE

1. 工具、材料

包装容器按工具、材料可分为硬质包装容器和软质包装容器两类。

硬质包装容器主要以陶瓷、玻璃、金属等为原材料，通过模具热成形工艺加工制成瓶、罐、盒、箱等，这类容器成形后防水、不易变形，被大量用于酒、饮料、医药、化工等产品以及防潮湿、防氧化等保护要求很高的商品包装。硬质包装容器如图5-3所示。

图5-3 硬质包装容器

软质包装容器主要指以质地柔软、易折叠的纸质材料、纺织材料、编织材料等为原材料制作的盒、袋等包装容器。软质包装容器如图5-4所示。

图5-4 软质包装容器

2. 制作方法

任何包装容器的造型都必须借助一定的材料和各部位具体的结构组合完成。在包装造型设计中，由于对包装功能要求的不同、制造包装容器的材质与工艺技术的不同的制约，导致在包装造型与结构设计上有不同侧重与要求。如陶瓷、玻璃、塑料等包装容器，通常在封盖（头）与底（足）结构不变的情况下，只改变容器（体）的造型，如图5-5和图5-6所示。

图5-5　玻璃瓶不同部位形状变化

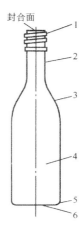

封合面

1—瓶口
2
3
4
5
6

图5-6　玻璃瓶结构

1—瓶口　2—瓶颈　3—瓶肩
4—瓶身　5—瓶根　6—瓶底

四、包装容器外观造型的种类　FOUR

包装容器外观造型有三角形及多角形、正方形及长方形、柱形及锥形、仿生形、任意形，如图5-7至图5-12所示。

图5-7　三角形结构

图5-8　正方形和长方形结构

图5-9　柱形结构

图5-10　锥形结构

图5-11　仿生形结构

图5-12　任意形结构

五、包装容器造型设计的方法

FIVE

1. 线条法

从立体造型来说，形就是体，体也是形。容器造型总是由方和圆组成，体现在线形上就是直线跟曲线的结合。用曲线跟直线组织在一起，使造型成为既对比又协调的整体，如图 5-13 所示。这里说的图样设计时的平面的线形只有高度、长度和宽度。

2. 分割法

容器各部分之间的尺寸关系包括上下、左右、主体和副体、整体与局部之间的尺寸关系。容器的各个组成部分（如瓶的口、颈、肩、腰、腹、底）比例的恰当安排，直接体现出容器造型的形体美（见图 5-14）。确定比例的根据是体积容量、功能效用、视觉效果。

图 5-13 线条造型 图 5-14 分割造型

3. 雕塑法

基本包装容器外观造型种类比较单调，多为三角形、正方形、柱形等，因此造型的变化可以像做雕塑的形体关系一样来创新，用或多或少的变化来加以充实、丰富，从而使容器造型具有独特的个性和情趣。

1）整体塑性

整体塑性如图 5-15 所示。

2）局部雕刻

局部雕刻如图 5-16 所示。

3）加法、减法

加法、减法如图 5-17 所示。

4）光影法

光影法如图 5-18 所示。

4. 仿生法

仿生法是指利用自然界的植物、动物等外形来获取灵感，进行包装容器的造型设计，使造型更加自然，更具有亲和力，如图 5-19 所示。

5. 肌理法

肌理法是相对于常规的均齐、规则的造型而言的。其变化的幅度较大，可以在基本形的基础上进行雕刻、倾斜、扭动或其他反均齐的造型变化，如图 5-20 所示。

图 5-15 整体塑性

图 5-16 局部雕刻

图 5-17 加法、减法

图 5-18 光影法

图 5-19 竹造型

图 5-20 水果肌理

六、系列化设计 SIX

　　系列化设计包含形态、大小、构图、形象、色彩、商标、品名、技法八个元素。一般情况下，商标、品名、技法这三个是不能改变的，其余五个至少有一个不变，就可以产生系列化效果，这样就使得系列化包装设计的整体格调十分统一，增强了产品之间的关联性。

　　由于产品包装采用的是系列化包装设计，那么同一系列产品的数目最少是两个，一般都会多于两个，这样有助于产品的促销，消费者在购买的时候一买就是一个系列的，可以增加商品的销售量。

　　系列化包装设计产品的各个单体有各自的特色和变化，同时，各个单体包装形成有机的组合，产生整体美效果。这使得种类繁多的商品既有多样的变化美，又有统一的整体美。

1. 统一牌名

　　牌名即产品的"姓氏"，统一牌名是产品包装系列化惯用的最基本的方法，统一企业所经营的各种产品牌名，形成系列化，以争取市场和扩大销路。

2. 统一商标

　　系列包装上不断反复出现商标形象，以形成统一商标的包装系列化，利于识别品牌和创出名牌，提高品牌的市场竞争能力。

3. 统一装潢

产品尽管多种多样，造型结构各不相同，但是可以在统一牌名、统一商标的同时，应用统一装潢、统一构图形成系列化。如统一格调的画面、统一格调的装饰和拼合画面等产生有节奏感、韵律美的多样统一的系列化包装效果。

4. 统一造型

形成系列化的办法是从基本形及其特征统一方面去考虑。如有的瓶装产品的瓶身不同，就可在瓶盖上统一造型特征；有的瓶身粗细、高低不同，可以统一强调某些造型装饰特征。在造型结构及装潢都达到统一的情况下，可在装潢画面上标明不同品种，或以不同的色彩来区别不同品种，以取得格调一致而形成系列化包装。

5. 统一文字字体

统一文字字体也是包装系列化的一个重要方面。在包装装潢设计中，字体起着很大的作用，单是字体统一也可达到系列化效果。

6. 统一色调

根据产品的不同类别和不同特征，确定一种颜色色调作为系列化包装的主调颜色，使顾客单从颜色上就能直接辨认出是什么产品。

7. 使用对象统一包装系列化

根据不同使用对象分成不同系列产品，以便利不同的消费者使用不同的商品。如儿童化妆品系列、女性化妆品系列、男性化妆品系列等，设计出不同对象特点的系列包装。

8. 成套的包装系列化

以同类商品合成一组的形式，把各种同一使用目的的小件工具、用品、食品集装成盒、袋、包，形成系列化，既方便顾客，又利于扩大销售。

七、确定包装容器体量的因素 ────── SEVEN

1. 用材模数

（1）应符合有关标准的规定，对内装物的保护作用和应具有的功能要满足标准或设计要求，可靠、安全、稳定。

（2）包装件的体积、质量及结构，便于操作、装卸、携带和使用。

（3）标志、图案、牌号及有关说明、介绍等，要识读方便，符合有关标准的规定。

（4）用于食品、药品的包装容器和材料，应符合有关卫生标准规定；儿童用品的包装和不适合儿童接触商品的包装，要确保儿童安全。

2. 货架上的分量

在货架上进行摆放的时候要注意重量的平衡及重心稳定，一般原则是体积大、质量大的不经常拿取的货品放在货架上方。在人最易拿取的地方摆放体积小、质量小的货品。

3. 消费者接受的底线

调查表明，掌握以下四个重要规则，有助于生产商明智地做出成本削减决策，并为消费者所接受。

缩减包装规格：这是稍微带有风险的举动，对品牌的重度使用者的影响尤为明显，如果在缩减包装尺寸的同时能够给消费者一些额外的利益，就可以将负面影响减弱。

扩大包装规格：这是最受消费者青睐的选择，但是也有风险，比如说新的定价超过了消费者的心理底线，或者消费者很难在大规格包装和产品价格提高之间建立关联性。

更换包装材料：这是一种提高毛利率的策略。然而，不能因为更换包装材料而牺牲产品的功能性、结构完整性以及品牌资产。

更改原料配方：这是一种高风险的举动，前提是不能降低产品质量认知和产品功效，损害消费者利益。

八、包装容器造型的设计程序　　　EIGHT

1. 设计条件分析
包装产品条件、环境条件、市场条件、生产工艺条件、消费对象的分析论证及经济分析。

2. 设计定位
设计定位是将设计条件及相关因素具体化，形成确定的目标、标准、范围和要求等。设计定位包括企业形象、产品、消费者、市场等方面的定位。

3. 确定设计方案
确定包装类型和设计参数，构思容器造型、结构及装潢设计方案，并制作形体、结构及装潢图案的具体效果图、结构展开图、装潢的平面设计图等。

4. 选定包装材料辅助物料
应优先选标准材料、绿色材料，要求货源充足、成本适宜，能满足产品的防护要求，具有良好的印刷性能。

5. 确定技术要求
包装容器结构设计的技术要求，一般包括如下一些。

（1）材料性能和质量方面的要求。选用标准规定的材料应注明标准牌号，非标准材料应提供性能、质量指标，如透气率、透湿率、表面粗糙度等。

（2）辅料（如胶黏剂、涂料等）的品种、性能、质量的要求。

（3）容器应该达到的性能指标和主要技术参数。

（4）装潢用料及印刷质量方面的要求。

（5）标准化的包装容器应符合标准的要求。

6. 包装容器结构强度分析计算
按材料性能、客户要求，根据设计者的经验进行分析计算。

7. 制作包装容器的模型或式样
目前模型设计多用计算机模拟的方式进行选样。

8. 容器试验：按国家标准或设计要求
对容器试样进行试验，包括密封、耐压、耐渗漏、耐热等方面的测试内容。

9. 设计方案鉴定
对包装容器设计方案及试样进行鉴定，鉴定后经修改定型。也可先试销一段时间，然后再经鉴定，使设计定型。

九、包装容器造型的设计步骤　　　NINE

1. 核实产品
就有关造型和产品信息等进行有针对性的调查和资料搜集。

2. 草案和三视图
根据投影的原理画出造型的三视图，即正视图、俯视图、侧视图。

在制图中对三视图的安排一般为：正视图放在图纸的主要部位，俯视图放在正视图的上面，侧视图安排在正视图的一侧。

根据具体情况，某些造型只需画出正视图和俯视图，部分带有构件的造型也可以单独画出侧视图，放置位置在正视图的一侧。

3. 效果图

效果图的目的是完整、清楚地将设计意图表现出来。它注重表现不同材料质感及材料在设计中运用的效果。绘图方法有手绘法和喷绘法或两者结合方法等。效果图要尽可能表现出成品的材料、质感效果。底色以简单、明了、突出为好，不可杂乱或喧宾夺主。

4. 体量的参考

准确详细地把造型各部位的尺寸标注出来，以便识图与制作使用。根据要求标注尺寸的线都使用细实线。尺寸线两端与尺寸界线的交接处要用箭头标出，以示尺寸范围。尺寸界线要超出尺寸线的箭头处 2~3 mm，尺寸标注线距离轮廓线要大于 5 mm。

尺寸数字写在尺寸线的中间断开处，标注尺寸的方法要求统一。

图样上所标注的造型的实际尺寸数字，规定是以毫米为长度单位，所以图样上不需要再标单位名称。圆形的造型，直径数字前标直径符号 Φ，半径数字前标半径符号 R。

字母 M 在图中代表比例，在 M 之后第一个数字代表图形的大小，第二个数字代表实际造型的大小。图样中的汉字与数字要求工整、清楚。

5. 模型的制作程序

1）手工制作法

在造型中有很多异形的设计，常常需要用手工制作。制作工具常见的有以下几种。

工具刀：以壁纸刀代替即可，用来切削石膏等。

有机片：普通有机片即可，在上面用壁纸刀划上经纬线。

内外卡尺：用来测量尺寸。

手锯：用于截锯石膏。

围筒：用油毡纸或铁皮或易卷起的塑料片制作均可。

水磨砂纸：粗细各准备几张，在石膏模型干后，用于表面打磨。

乳胶：用于黏结造型的构件。

石膏粉：要求颗粒细、无杂质，用于制作模型或黏结构件。

2）机轮旋制法

机轮旋制法是常用的制模方法，但只局限为同心圆形的造型制作。

需要的工具：机轮、车刀、围筒，以及卡尺、直尺、三角尺、铅笔、线绳、铁夹等。

石膏粉要求颗粒细、无杂质。

制作方法：先在机轮轮盘上做出石膏柱体。根据所要旋制的造型直径尺寸，用油毡卷出圆筒，尺寸要略有余地。用线绳和铁夹将圆筒固定在轮盘上的同心圆周线上。再将 1∶1.2 的水和石膏调成浆状，注意流动性要好，以便排出气泡。把浮在上面的污物去掉，然后倒入圆筒内，迅速用木条轻轻搅动或轻轻晃动轮盘，以便排出气泡。待石膏浆凝固还未硬结时，把圆筒取下。迅速把柱体旋正，找出同心。然后把柱体的顶部旋平再找出造型的高度和最大直径。注意身体要正，操刀要稳，进刀不可太快，用力要均匀，多用刀尖，少用刀刃，可免跳刀现象。

握刀方法，左手在前、右手在后，将车刀并握在木棒上，木棒前头顶到机器挡板上或墙上均可固定，后头夹在腋下，以方便、灵活、省力为好。

最后线型的连续与转折等部位处理要用锯条制成的修刀调整。调整时要求严格、一丝不苟。

6. 结构图

1）图纸规范

为了使图样规范、清晰、易看易懂、轮廓结构分明，必须使用不同的规范化线型来表示。

（1）粗实线：用来画造型的可见轮廓线，包括剖面的轮廓线，宽度为 0.4～1.4 mm。

（2）细实线：用来画造型明确的转折线、尺寸线、尺寸界线、引出线和剖面线。宽度为粗实线的 1/4 或更细。

（3）虚线：用来画造型看不见的轮廓线，属于被遮挡但需要表现部分的轮廓线。宽度为粗实线的 1/2 或更细。

（4）点画线：用来画造型的中心线或轴线。宽度为粗实线的 1/4 或更细。

（5）波浪线：用来画造型的局部剖视部分的分界线。宽度为粗实线的 1/2 或更细。

2）剖面图画法

为了更清楚地表现出造型结构及器壁的厚度，必须以中轴线为准，把造型的 1/4 整齐地剖开去掉，露出剖面。剖面要用规范的剖面线表示，以便与未剖开部分区别。规范的剖面线有三种：用斜线表示，用圆点表示，用完全涂黑的方法表示。

十、包装容器造型设计注意的问题　　　　　　　　　　　TEN

1. 表面的处理

1）切削

对基本形加以局部切削，使造型产生面的变化，由于切削的部位大小、数量、弧度的不同，可使造型千变万化。但在切削的过程中要充分运用形式美的原则，既讲究面的对比效果，又追求整体的统一，才不会使容器显得零乱琐碎，如图 5-21 所示的设计。

2）凸凹

在容器上进行局部的凸凹变化，可以在一定的光影下产生特殊的视觉效果，如图 5-22 所示。凸凹程度应与整个容器相协调。其手法可以通过在容器上加以与其风格相同的线饰，也可以通过规则或不规则的肌理在容器的整体或局部产生面的变化，使容器出现不同质感、光影的对比效果，以增强表面的立体感。

3）配饰

配饰就是配合主体而进行的装饰。这种变化手法可以通过与容器本身不同材质、形式所产生的对比来强化设计的个性，使容器造型设计更趋于风格化。配饰的处理可以根据容器的造型，采用绳带捆绑、吊牌垂挂、饰物镶嵌等，如图 5-23 所示。

要注意配饰只能起到衬托点缀的作用，不能过于烦琐而喧宾夺主，影响了容器主体的完整。

图 5-21　香水瓶

图 5-22　香水瓶

图 5-23　酒类包装

2. 人体工程学与视错觉

（1）手对容器的动作总结起来有以下三种。

把握动作——开启、移动、摇动。

支持动作——支托。

触摸动作——探摸。

如图 5-24 所示，一般来说容器的直径最小不应小于 2.5 cm，需用握力很大的容器，容器的长度就要比手幅的宽度长。

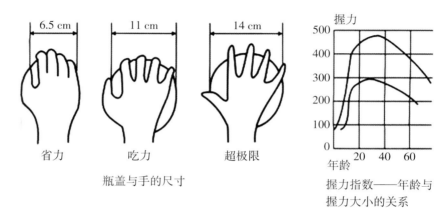

图 5-24　人机工学尺度

（2）矫正视错觉的方法有以下几种。

①直立圆柱体的中部易看成内凹，为此，圆柱体中部需稍向外凸，才能显得充实、挺拔。

②平面或罐、瓶的顶部易看成下陷，故也需要稍向上凸，形体才显得结实、丰满。

③同样长度的形体，细者显长，粗者显短。容器的腹部最饱满处偏上并向下过渡到直线，其形体显得有力。

④同一形体，上下大小一样则显得上大下小，适当缩小上半部则显得上下相当。

3. 技术的限制

1）金属易拉罐

由于工艺上的限制，它只能是直上直下的圆筒，顶部的拉环装置替代了传统的瓶盖，有便于运输、节省空间、耐冲撞等优点。

2）陶瓷酒瓶

为了制模和成型工艺的方便，陶瓷酒瓶一般造型变化不能过于复杂，力求饱满、圆滑，因而陶瓷酒瓶具有古朴、光洁的特色。

3）玻璃香水瓶

因为玻璃香水瓶是用钢模吹制的，在容器的线形、比例及变化手法上有较大的发挥余地。玻璃瓶由于材料的特性，存在易碎的问题。

 小结

包装容器造型设计不仅仅要设计出具有视觉新鲜感的造型，更要设计出具有功能性和符合人机工程学的包装容器造型，并能够满足未来设计对包装容器造型设计的要求。

 实训项目

绘制两种不同类型包装容器造型的设计草图。

项目六
包装容器结构设计

BAOZHUANG
SHEJI
YUS HIXUN

▨ 任务名称 ▌
包装容器结构设计

▨ 任务概述 ▌

通过对包装容器结构设计知识的讲解，使读者具备系统的包装容器结构设计知识、具备一定的空间想象力，使之能从包装容器的选型入手进行结构设计；培养读者综合分析能力，为其胜任各种包装容器的结构设计打好基础。

▨ 能力目标 ▌

1. 能够根据包装容器结构设计的程序和步骤进行纸盒结构设计；
2. 能够根据包装容器结构设计的程序和步骤进行瓦楞纸箱结构设计。

▨ 知识目标 ▌

1. 了解包装容器结构设计的概念；
2. 了解包装容器结构设计的原则；
3. 知道包装容器结构的制作工具和材料；
4. 知道包装容器结构的设计内容；
5. 知道包装容器结构设计需注意的问题。

▨ 素质目标 ▌

1. 培养读者对包装容器结构的初步认识能力；
2. 使读者具有创新意识和敬业精神。

一、包装容器结构设计概述 ONE

1. 包装容器结构设计概念

包装容器结构设计是按一定造型式样和设计要求，选定包装材料及相关的辅料，并以一定的技术方法、设计方法对包装容器内外构造进行设计，包括主体及附件的结构，各部分之间的组装、配合、内包装与外包装，容器与内衬等方面的设计。

2. 包装容器结构设计的原则

1）科学性原则

包装容器结构设计涉及物理学、化学、生物学、材料学、机械学、人体工程学、心理学、美学及社会学等多学科的理论知识，需要用相关的理论知识解决容器设计中的各种实际问题。采用新材料、新技术、新工艺和新的形式，提高包装质量，增强商品的市场竞争能力。

2）可靠性原则

所设计的包装容器在整个流通、消费过程中要具有安全性、可靠性及稳定性，具有足够的强度，不能泄漏和渗漏，不能与内装物相互作用，在保质期内防护功能不能失效，更不能对人体构成危害。

3）创新性原则

任何一种成功的新型包装容器，创新性是必不可少的特征。新颖、独特、实用的包装容器可引起消费者兴趣，能提高商品竞争力。

4）宜人原则

包装容器是为商品设计的，更是为人设计的。设计要考虑容器的大小、轻重及使用方便，结构设计要适合人的操作、充填、搬运、挑选、开启使用等行为活动。

5）经济性原则

包装容器结构要合理，要选择合适的工艺技术和原辅料，避免设计过度包装和超大包装，提高标准化、系列化程度，实施适应成本和可控成本设计。

6）绿色原则

包装容器要尽量选择绿色材料，实施可收回重复使用、回收再生利用或轻量化的设计，力求实现包装产品生产加工的低消耗、低排放的生产过程，不给生态环境造成污染。

3. 包装容器结构设计的内容

包装容器结构设计是个较为复杂的过程，要受内装物、包装材料、工艺条件、市场状况、环境条件和消费对象等多种因素的制约，这些制约也是设计所要处理的具体问题。

1）内装物

内装物是所设计包装容器的服务对象，设计者应全面了解内装物的产品类别、物态、相对密度、容量、物理和化学性质、形状尺寸等。针对不同内装物及其要求选定材料、设计结构，形成所需功能。

2）包装材料

包装材料及其性能是包装容器强度、刚度、防渗漏和某些特殊功能的基础。包装设计不但要熟悉传统的纸、塑料、金属、玻璃等材料，还要及时掌握新型、特殊的材料。关注新材料开发适应特殊商品的包装需要，满足包装节省原材料、提高生产率及降低成本的要求。

3）生产工艺条件

包装容器的结构及材料，总是适用一定的加工成形方法，符合相应的工艺特点。工艺装备、工艺技术是包装容器成形的根本保障。

4）环境条件

从产品完成到消费者购买使用，期间一切外部存在的客观因素，包括地理、气候条件，运输、仓储条件，展示、销售条件等。由环境条件形成的，或可能形成的冲击、跌落、堆压、温度、湿度、水浸、辐射、光电和有害气体等问题，以及微生物、虫鼠害和人为的野蛮装卸、非法盗用等问题，都是包装容器结构设计的环境条件。针对比较突出的环境问题，设计时应相应地设计防范措施和找出解决问题的方法。

5）市场条件

产品销售的对象要考虑风俗习惯及人们的爱好。销售地点是商场、超市，还是其他地点；市场的覆盖率有多大；同类产品的性能、价格及包装情况，其消费群体。

二、纸质包装容器结构设计　　　　　TWO

1. 纸质包装容器的基础知识

1）纸盒的长、宽、高概念

纸盒尺寸见表6-1。

2）各种折合线的样式及功能

设计图线形：GB12986—1991纸箱制图标准，也适用于纸盒等其他纸容器的设计制图。绘制纸包装容器结构设计图所用线形见表6-2。

3）国际标准中小型反相盒盖纸盒

纸盒包装尺寸类型主要有以下三种类型。

①制造尺寸：纸包装容器的加工制造尺寸，标注在结构设计展开图（工作图）上。

表 6-1　纸盒尺度

盒(箱)尺寸 ＼ 设计尺寸	内 尺 寸	外 尺 寸	制 造 尺 寸	
			盒(箱)体	盒(箱)盖
长度尺寸	L_i	L_o	L	L'
宽度尺寸	$B_i(W_i)$	$B_o(W_o)$	$B(W)$	$B'(W')$
高度尺寸	$H_i(/h_i)$	$H_o(/h_o)$	H	$H'(h)$

表 6-2　折合线的样式

名　称	线形及代号	线　宽
粗实线	A ———	$b(0.5 \sim 1.2 \text{ mm})$
细实线	B -------	约 $b/3$
点画线	C —·—·—·	约 $b/3$
虚线	D - - - -	约 $b/3$
双点画线	E —··—··—	约 $b/3$
间断线	F -‖--‖-	约 $b/3$
波浪线	G ∿∿∿	约 $b/3$

②内尺寸：纸包装容器成形后构成内部空间的尺寸。直角六面体纸容器，如纸盒、纸箱等，其内尺寸可用 $L_i \times B_i \times H_i$ 表示。

③外尺寸：纸包装容器成形后构成的外部最大空间尺寸，反映容器所占空间体积的大小，如直角六面体容器尺寸可用 $L_o \times B_o \times H_o$ 表示。

2.　纸质包装容器的结构分类

1）盒体结构

纸盒标准样式如图 6-1 所示。

（1）管式折叠式：指形态较高、侧面黏合、两端开口的折叠纸盒，如图 6-2 所示。

（2）盘式折叠式：指造型立面较低似盘形的结构盒，如图 6-3 所示。

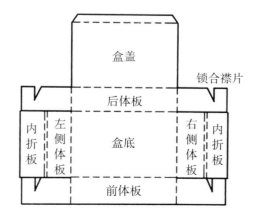

图 6-1　纸盒标准样式

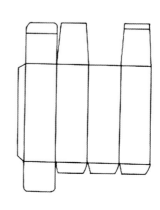

图 6-2　管式折叠式

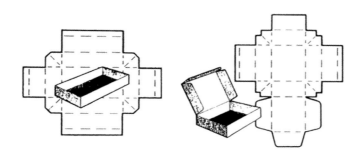

图 6-3 盘式折叠式

（3）异形结构：指不同于管式与盘式结构盒的造型，包括手提式和多变式、姐妹式，如图 6-4 至图 6-6 所示。

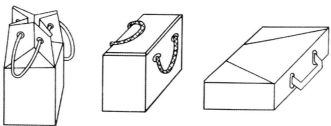

图 6-4 手提式

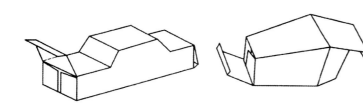

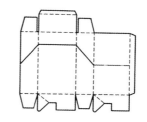

图 6-5 多边式   图 6-6 姐妹式

2）盒盖结构

盒盖结构有插入式、锁扣式、插锁式、连续摇翼窝进式、摇盖式、掀封式、天地盖式、套筒式、黏合式，如图 6-7 至图 6-15 所示。

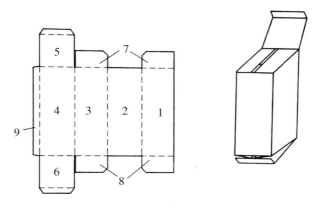

图 6-7 插入式

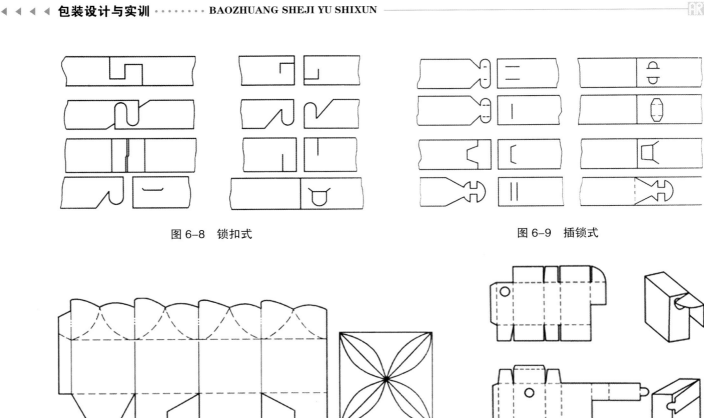

图 6-8　锁扣式

图 6-9　插锁式

图 6-10　连续摇翼窝进式

封盖后俯视图

图 6-11　摇盖式

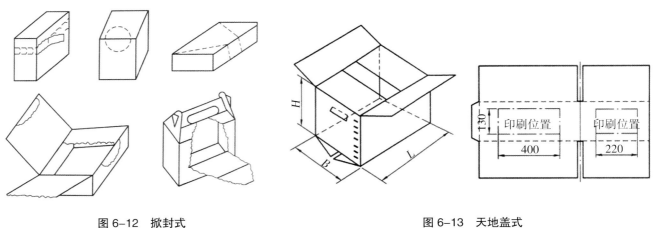

图 6-12　掀封式

图 6-13　天地盖式

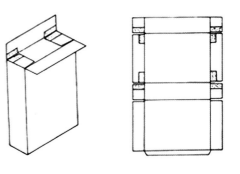

图 6-14　套筒式

图 6-15　黏合式

3）盒底结构

盒底结构有插口封底式、黏合封底式、连续摇翼窝进式、折叠封底式、间壁封底式、锁底式、自动锁底式、掀封式，如图 6-16 至图 6-23 所示。自助锁底式包装盒底经过少量的黏结，在成形时只要展开原来叠平的盒身，使其使用时能恢复到框状，并且同时使盒底自动地连成锁底。

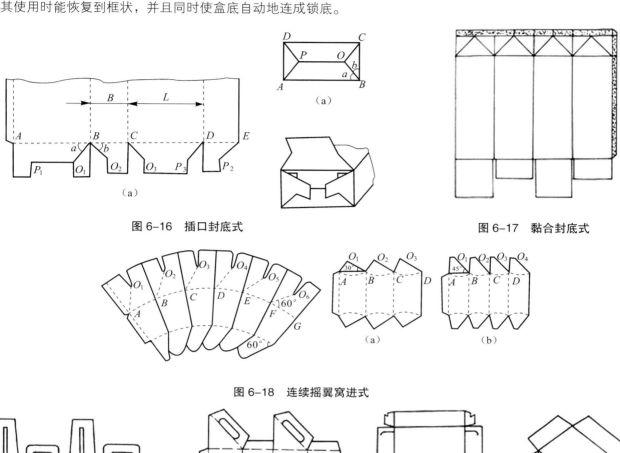

图 6-16　插口封底式

图 6-17　黏合封底式

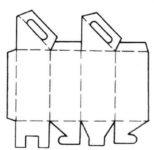
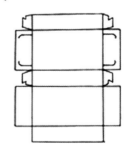
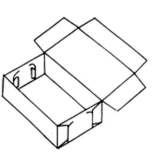

图 6-18　连续摇翼窝进式

图 6-19　折叠封底式

图 6-20　间壁封底式

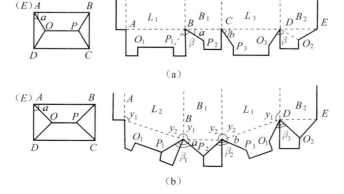

图 6-21　锁底式

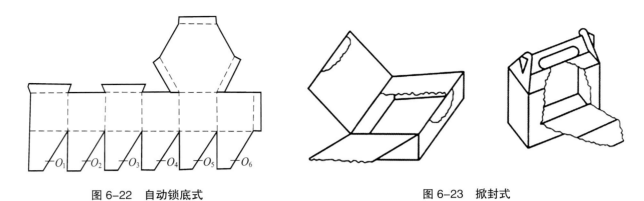

图 6-22 自动锁底式   图 6-23 掀封式

4）锁扣结构

锁扣结构有直接插入式、锁扣插入式、折曲插入式、旋转插入式、多重插入式，如图 6-24 至图 6-28 所示。

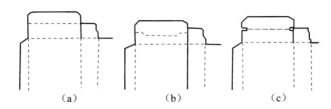

（a）   （b）   （c）

图 6-24 直接插入式

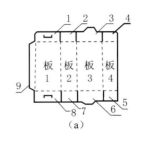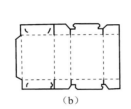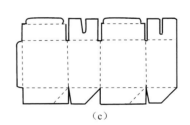

（a）   （b）   （c）

图 6-25 锁扣插入式

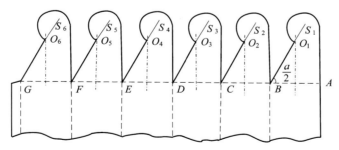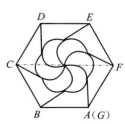

图 6-26 折曲插入式

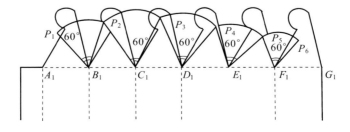

图 6-27 旋转插入式

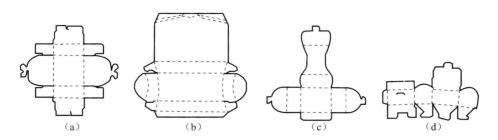

图 6-28　多重插入式

5）间壁结构

间壁结构有自成间壁结构和附加间壁结构，如图 6-29 和图 6-30 所示。

 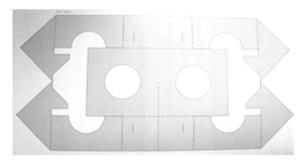

图 6-29　自成间壁结构

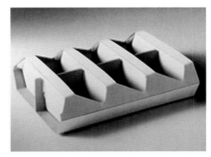 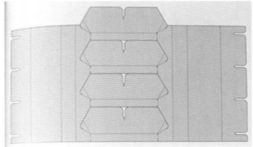

图 6-30　附加间壁结构

6）局部功能结构

局部功能结构有开窗式结构、可展示结构、隔板结构、防震结构、管口结构、缝纫机刀刃易开结构、拉链式开口结构、防再封结构，如图 6-31 至图 6-38 所示。

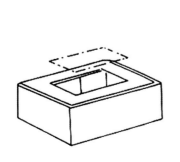 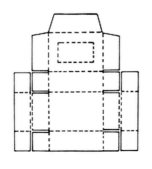 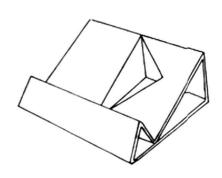

图 6-31　开窗式结构　　　　　　　　　　　　　　　　　图 6-32　可展示结构

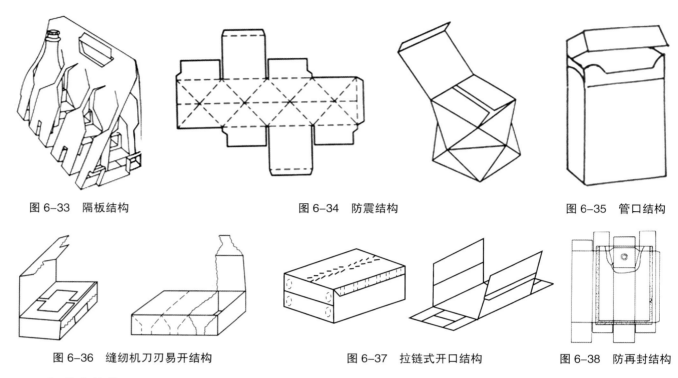

图 6-33　隔板结构　　　　　　图 6-34　防震结构　　　　　　图 6-35　管口结构

图 6-36　缝纫机刀刃易开结构　　　　图 6-37　拉链式开口结构　　　　图 6-38　防再封结构

7）裱糊结构

裱糊结构有管式粘贴结构、盘式粘贴结构、管盘组合粘贴结构，如图 6-39 至图 6-41 所示。

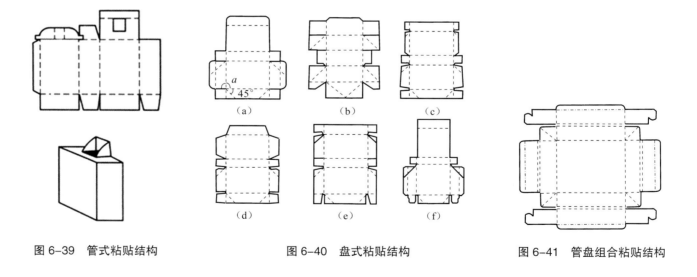

图 6-39　管式粘贴结构　　　　　　图 6-40　盘式粘贴结构　　　　　　图 6-41　管盘组合粘贴结构

三、瓦楞纸箱   THREE

1. 瓦楞纸箱的用途

瓦楞纸箱（见图 6-42）主要归属于储运包装，其应用范围很广，几乎包括所有的日用消费品。例如水果蔬菜、食品饮料、玻璃陶瓷、家用电器及自行车、家具等。随着社会消费的发展，越来越多的商品利用它作为销售包装，这使瓦楞纸箱的使用范围更广泛了。

瓦楞纸箱设计对于标准化的要求是严格的，因为它直接影响货场上的整齐码放、货架容积的有效利用，以及

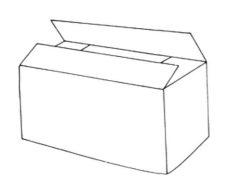

图 6-42　瓦楞纸箱

集装箱的合理运输。同时还要充分考虑在运输过程中的保护功能，例如封口开裂、鼓腰、结合部位破损等问题，都与瓦楞纸箱结构的设计有关。

2. 影响瓦楞纸箱抗压强度的因素

1）周长、材料

围绕箱体一周为其周长。瓦楞纸箱材料为了具有整体良好的保护功能，在箱体内需要增加各种附件，如衬板、隔板、环套、防潮纸等。采用不同的附件，可改变瓦楞纸箱的抗压强度、防潮性能、防震性能等各种保护功能。特别对于易碎产品和结构造型比较复杂的产品，设计好内部结构是非常重要的，可以采用定位、隔离、架空等方法，保护产品在运输销售过程中不受损坏。

2）承压时间

箱体尺寸主要指长、宽、高的比例，三者之间的比例关系直接影响瓦楞纸箱的抗压强度。同样材料如果瓦楞纸箱的长宽不变，高度越高，抗压强度越低；而高度不变，周长不变，那么长与宽的比例越大，抗压强度越低。

3）含水率

含水率指在一定蒸汽压力下，水蒸气从纸材试样的一面透到另一面的质量。

4）印刷前后

纸箱的印刷工艺对抗压强度的影响也不容忽视。印刷面积、印刷形状及印刷位置对纸箱抗压强度的影响程度各不相同。总的来说，印刷面积愈大，纸箱抗压强度的降低比率也愈大。满版实地，块状及长条状印刷对抗压强度的影响比较大，设计时应尽量避免。就纸箱印刷位置而言，印刷在正侧唛中间部位较边缘部位的抗压高。

5）手提孔、通气孔

手提孔、通气孔的位置和大小等会影响瓦楞纸箱的抗压强度。

四、其他形式纸容器　　　　　　　　　　　FOUR

1. 纸袋

纸袋是生活中常用的包装容器之一，例如商品包装用的手提袋，工业用品中的多层袋等。在传统的基础上，现在的纸袋在性能上、用途上都大有改进。如将纸与铝箔、塑料或其他材料组合使用，就大大地提高了纸袋的使用性能。

1）纸袋形式

纸袋有手提式、信封式、方底式、桶式、阀式、折叠式，如图 6-43 至图 6-48 所示。

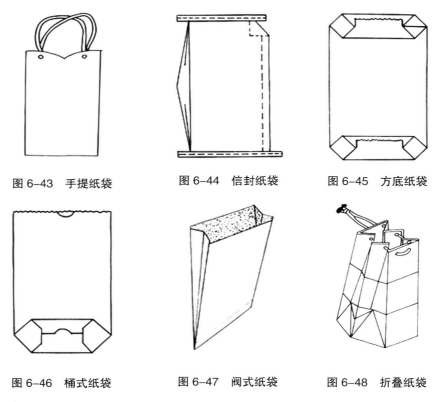

图 6-43 手提纸袋   图 6-44 信封纸袋   图 6-45 方底纸袋

图 6-46 桶式纸袋   图 6-47 阀式纸袋   图 6-48 折叠纸袋

2）纸袋的适用范围

（1）展现品牌形象。

在包装纸袋上可以印刷公司或生产商品的企业的标志和信息，可以对商品企业起到宣传和推广的作用。

（2）承重量有限。

纸袋在包装材料上比较轻巧的特性决定了纸袋的制作材料比较轻、薄，所以在承重量方面有一定的局限。

3）纸袋结构

（1）小纸袋结构有扁式结构、方底结构、尖底结构、手提结构、异形结构，如图 6-49 至图 6-53 所示。

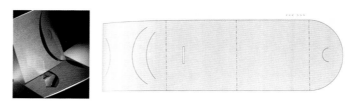

图 6-49 扁式纸袋

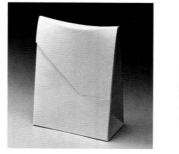
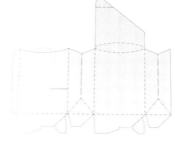

图 6-50 方底纸袋

 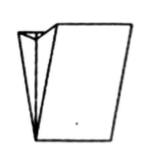

图 6-51　尖底结构

图 6-52　手提结构

图 6-53　异形结构

（2）大纸袋结构有扁平结构和褶皱结构，如图 6-54 和图 6-55 所示。

图 6-54　扁平纸袋　　　　　　　　　　图 6-55　褶皱纸袋

2．纸杯

纸杯是杯形纸容器，是一次性的纸制品，主要用于冷饮、冰淇淋、果汁盛放用具或方便餐具（见图 6-56），价格低廉，使用方便。

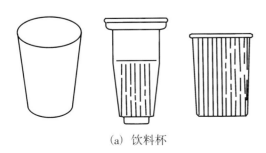 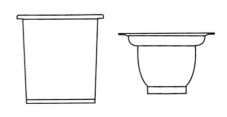

（a）饮料杯　　　　　　　　　　　　　（b）快餐食品杯

图 6-56　纸杯类型

3. 纸板桶

纸板桶是由纸或纸板制成桶身，而桶底、桶盖则用纤维板、木板、胶合板或金属板材制成的桶形容器，主要用于储运干性散装粉末、颗粒状商品，如图 6-57 所示。

4. 纸浆模型制品

纸浆模型制品是指利用纸浆通过模具成形、干燥制成的容器，如杯、碗等，所用原料多为玉米秆、麦秆、芦苇、竹子、甘蔗及纸制品废弃物等，如图 6-58 所示。

图 6-57　纸板桶

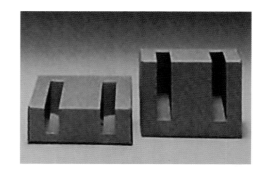

图 6-58　纸浆制品

五、纸质包装容器结构设计技巧　　　　　　　　　　　　FIVE

1. 取产品正确尺寸的方法

科学性和合理性是设计中的基本原则。科学合理的纸容器，要求用料少而容量大，质量小而抗力强，成本低而功能全。

2. 制作平面刀版图

在制作之前事先准备好纸质包装容器的平面展开图，也称为平面刀版图。这一步非常重要，是纸质容器成功成形的基础。

3. 反复校正立体和平面尺寸的感官偏差

校正立体和平面尺寸使之能符合人机尺度，方便储存、托运、拿取等。

4. 检查纸盒的尺寸是否正确

检查纸盒的尺寸，为整体包装托运等工作做好尺度的把握，方便运送储存空间的合理运用。

5. 结构功能试验

检查包装容器的抗压能力、耐压性等，测试容器的承力等功能。

六、纸质包装容器结构设计工具　　　　　　　　　　　　SIX

以容器设计为例，使用三维造型技术获得实体模型的过程：轮廓生成、体积计算、表面着色、渲染等。AutoCAD 制作出来的容器结构效果图清晰明了。我们利用容器结构效果图可以全方位地了解容器的结构及其各项参数。这样能够给包装容器结构设计人员减轻设计的难度，缩短设计周期和提高设计质量。

七、纸质包装容器结构设计步骤　　　　　　　　　　　　SEVEN

纸质包装容器结构设计是整个包装设计系统中的一个重要环节。与其他包装设计相互联系、相互制约和相互烘托。其设计一般过程如下。①针对纸质包装容器的设计要求，研究现有的设计资料。②明确详细的设计条件，制订初步设计方案。③详细结构设计。④制造加工。⑤样品式样分析与鉴定。

从设计过程中的总体结构来看，纸质包装容器结构设计大致可分为以下四个阶段。

1. 设计条件分析阶段

明确设计要求，调查研究，掌握必需的资料；对被包装产品的类别、物态、理化及生物特性等进行分析；明确包装环境条件、流通条件、市场条件等；了解包装材料、容器类型和现有的生产条件。

2. 方案设计阶段

此阶段应确定设计参数，如被包装产品的计量值、允许偏差等；设计容器造型方案；对多种包装容器结构设计方案进行对比分析、评价，确定最佳的结构设计方案。

3. 详细结构设计阶段

将结构设计方案转化为具体详细的结构表达，即对结构进行强度、刚度和稳定性的分析计算，选定材料，确定技术要求，绘制出全套图样，编制说明书和有关技术文件。

4. 改进设计阶段

根据样品试验、使用、鉴定及市场反馈等环节暴露出来的问题，对包装容器结构做适当的技术处理，以确保质量。

八、纸质包装容器结构制作中的注意细节　EIGHT

1. 考虑纸材的厚度

合理的纸盒尺寸比例关系（见图6-59和图6-60）是保证纸盒性能的首要因素，例如纸盒紧密包裹产品，或礼品套盒内部组合状态，虚空间的比例把握等，必须恰当地处理才能有效保证纸盒在流通过程中的稳定性和方便性，同时也决定包装的经济性，当然它更是使纸盒美观大方的重要因素。而最佳尺寸比例由纸板用量、强度因素、堆码状态乃至美学因素等所决定，如图6-61所示，面面俱到的尺寸比例难以实现。所以，在包装盒设计时需要建立一个尺寸比例的概念。或者说，理想尺寸比例就是有条件有限度的最佳比例。

抗压强度是指纸盒在垂直受压时沿盒面水平线发生程度不同的变形。盒角处刚度最大，变形最小，所以抗压强度最大。距盒角越远，变形越大，即越趋向凹陷。所以，纸盒在折叠过程中，由于纸材厚度的原因，成形后会使尺寸产生变化。另外，如果不考虑纸材厚度，往往做出的盒子不工整，甚至无法成形，或报废。通常情况下，在制图设计完成后，要按图做出样盒来检验，发现不合适就应及时调整，否则投入生产后由于尺寸不当会造成不

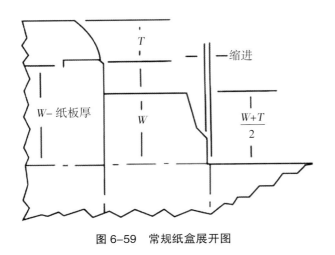

图6-59　常规纸盒展开图　　　　　　　　图6-60　纸盒厚度考虑

可挽回的巨大损失。

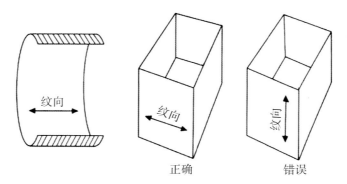

图 6-61　纸盒厚度纹向考虑

2. 注意摇盖的咬合关系

纸盒的咬合关系到纸盒的安全牢固，产品体积较大的应考虑用手提咬合或附加绳索和丝带扎捆，也可附加其他附件等；而一般体积较小的只需采用摇盖咬合。由于纸具有弹性，如果摇盖没咬合关系，盒盖会轻易地打开，甚至会自动弹起来。要想安全牢固，就要稳妥地处理好咬合关系，例如插卡式通过咬舌处局部的切割，在舌口根部做出卡口的配合，就可以解决牢固的问题。

3. 摇盖插舌的切割形状

如果盒盖有三个摇盖部分，主盖有伸长的插舌，以便插入盒体起封闭作用。设计时应该注意摇盖的咬合关系和形状。

4. 考虑套裁，节约成本

借鉴"套裁效应"，就要增强"成本"意识。套裁的直接目的就是减少废料、降低成本，尽可能地追求最大效益。

5. 切口的美观

有些产品为了保证美观，不想让纸板裁切后产生的断面被人看到，可以将摇盖和舌盖设计为一体，然后做45°角的对折就可以做到。

6. 认清纸的纹理

纸张本身具有纹理，应用好纸本身的肌理能创造出新的包装质感和品位感受。

7. 压痕线

压痕线作为印后不可或缺的重要材料，压痕线对纸质包装的压痕、成形有着举足轻重的影响，所以选择压痕线时一定要了解压痕线辨别四步，即比宽高、辨材质、识原材料、识品牌。

 小结

包装容器结构设计是包装设计中的最理性的部分和环节，作为包装设计师不但要有大胆的创新意识，更要有严密的逻辑思维能力及良好的空间想象能力。能够根据设计意图设计合理的包装容器结构，并绘制出准确的平面展开图。

 思考题

1. 在瓦楞纸箱设计中如何选择楞方向？
2. 在折叠纸盒设计中如何选择纸板纹向？

 实训项目

绘制两种不同类型产品的包装结构图与展开图。

项目七
包装的材料

BAOZHUANG
SHEJI
YUSHIXUN

包装材料选择

任务概述

通过对包装材料知识的讲解，使读者掌握较为全面的包装材料知识，了解材料性能、价格及工艺水平，具备能够根据设计项目的需要选择包装材料的能力。

能力目标

能够根据设计项目的需要选择包装材料。

知识目标

1. 了解包装材料的分类；

2. 了解不同包装材料的性能、价格及工艺要求。

素质目标

1. 具有一定的沟通能力与市场调研的技巧；

2. 分析整理搜集到的信息的能力；

3. 文件资料制作规范、归档整理的能力。

一、天然包装材料　　　　　　　　　　　ONE

1. 天然包装材料释义

天然包装材料指自然界中的植物和动物的叶、皮、纤维等，未经过加工直接用于包装，或经简单加工成板、片后用于包装，因其来源广泛、价格低廉、包装效果好而在包装材料中占有相当的地位。

2. 天然包装材料种类

1）竹材

竹子质地坚韧、弹性好、耐冲击、耐摩擦、耐腐蚀、耐油、耐水、抗拉性能好。竹子可加工成竹篾，竹篾可用于编织各种包装容器，如竹篓、竹箱、竹筐、竹篮、竹盒、竹瓶等，以及大型包装用的篾席等；还可加工成板材，制成竹胶合板、层压板等。竹包装大多用于低档的运输包装，也可用于高档的工艺品及礼品包装，如图7-1所示。

2）藤材

藤材主要指野生藤类，也包括荆条、桑条、槐条、柳条等。其特点是韧性好、弹性较大、柔软、拉力强、耐

图7-1　竹材包装

冲击、耐摩擦、耐油、耐水、耐气候变化等。藤材的外皮和藤心都可作包装材料，可以编织成各种篮、箱、筐、篓等包装容器，藤皮可制成绳索，用作捆扎材料，如图7-2所示。

3）草类

草类品种极多，主要包括稻草、蒲草、麦秆、龙须草等。它们一般都具有质轻、较柔软、来源丰富、价格便宜、有一定的拉力与弹性等特点。草类是一种价廉物美的包装材料，如图7-3所示，稻草、蒲草可编成草袋，大量用于重包装和金属零件包装等，蒲草还可编成蒲包，用于包装食糖、水产品等；麦秆可编成提篮、提筐等；龙须草可用来编制席、篓等。

4）芦苇

芦苇是生长范围很广的草本植物。它的茎干用于包装，其特点：弹性、韧性较好，拉力较强，耐冲击，耐摩擦，耐油，耐水等。芦苇可编成筐、篓（见图7-4）等包装容器，可织成席用于大型包装，同时也是制造包装用纸的好材料。

图7-2 藤材包装

图7-3 稻草包装

图7-4 苇篓

5）麻类

麻类主要包括黄麻、大麻、青麻、洋麻、罗木麻等。麻具有纤维强韧、拉力强、柔软性好、耐腐蚀、耐水性好等特点。麻类在包装上被大量用于制造麻袋、麻布包、麻绳等，如图7-5所示。

6）棕绳

棕绳具有拉力好、韧性强、柔软性好、耐水、耐腐蚀等特点。棕绳在包装上主要用于编织筐、篮、箱、绳等包装用具，如图7-6所示。

图7-5 麻类包装

图7-6 棕绳包装

二、人造包装材料　　　　　　　　　　　　　　　　　　　　　　　TWO

1. 纸质包装材料

用纸与纸板为原料制成的包装统称纸质包装。

纸质包装具有易加工、成本低、适于印刷、质量小、可折叠、无毒、无味、无污染等优点，但耐水性差，潮湿时强度差。

1）纸板

纸板又称板纸。由各种纸浆加工成的、纤维相互交织组成的厚纸页。纸板与纸的区别通常以定量和厚度来区分，一般将定量超过 200 g/m²、厚度大于 0.5 mm 的纸称为纸板（另说：一般将厚度大于 0.1 mm 的纸称为纸板。一般定量小于 225 g/m² 的是纸，定量 225 g/m² 或以上的是纸板）。

（1）马尼拉纸：用马尼拉麻造的纸，浅咖色，较为结实，一般用作档案夹、信封，这种纸张一般定量为 90 g/m²。

（2）白纸板：一种具有 2～3 层结构的白色挂面纸板，如图 7-7 所示，是一种比较高级的包装用纸板，主要用于销售包装，经彩色印刷后制成各种纸盒、箱，起着保护商品、装潢美化商品的促销作用，也可以用于制作吊牌、衬板和吸塑包装的底板。白纸板用于印制儿童教育图片和文具用品、化妆品、药品的商标。定量为 200 g/m² 至 400 g/m²。白纸板薄厚一致、不起毛、不掉粉、有韧性、折叠时不易断裂。

白纸板具有印刷功能、加工功能、包装功能。白纸板分为双面白纸板和单面白纸板两类，双面白纸板底层原料与面层相同，双面白纸板只有用于高档商品包装时才采用，一般纸盒大多采用单面白纸板，如制作香烟、化妆品、药品、食品、文具等商品的外包装盒。

德国广告代理 Kempertrautmann 为某品牌鞋设计的包装盒，一方面纸质包装盒可回收再用，并减少塑料袋的使用；另一方面，将缤纷的手提带设计成鞋带的样子来吸引消费者，同时也提醒使用者它们也是非常不错的备用鞋带，如图 7-8 所示。

图 7-7　白纸板　　　　　　　　　　　　　图 7-8　某品牌鞋的包装盒

（3）牛皮纸：采用未漂白的硫酸盐针叶木浆为原料生产的纸（见图 7-9），高级包装用纸。

牛皮纸本身的色彩赋予它丰富多彩的内涵，以及朴实的憨厚感。牛皮纸是坚韧耐水的包装用纸，强度很高，通常呈黄褐色。半漂的牛皮纸浆呈淡褐色、奶油色，全漂的牛皮纸呈白色。定量 80～120 g/m²。牛皮纸抗撕裂强度、破裂功和动态强度很高，多为卷筒纸，也有平板纸。牛皮纸可用作包装纸、水泥袋纸、信封纸、沥青纸、电缆防护纸、绝缘纸等。

随着环保意识的加强，本色浆产品作为环保纸张，牛皮纸用量呈逐年上升趋势，市场前景看好。精致牛皮纸适用于各种高档商品包装，如酒盒、运动服饰等的礼品盒；档案袋，如文教卫生、企事业单位的档案保存袋等；标准信封，如常见的邮政特快专递封套；亦可加工成购物袋，如商场、品牌店常见的购物袋或用于箱板挂面纸等，如图 7-10 所示。

图 7-9　牛皮纸

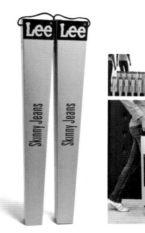

图 7-10　某品牌紧身牛仔裤的创意包装

（4）黄板纸：也称马粪纸（见图 7-11），和其他纸张一样也是用稻草和麦秸等原料做的，只是在造纸的时候加工得比较粗。因为这种纸比较粗厚，颜色比较黄，人们就称其马粪纸。在日常生活中，马粪纸主要是用来包装、衬垫一些物品，还可以用来做手工。

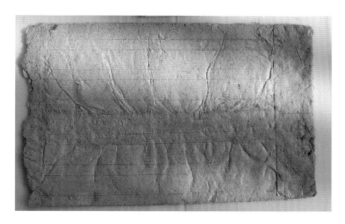

图 7-11　黄板纸

马粪纸在 20 世纪 30—40 年代我国市场上，常会见到。在几十年前的中国，它的应用很广，可以用于制作包装纸盒、讲义夹子、日历底板、帽舌衬垫、提箱内板等。现在，由于其品质太粗而制浆的废水又会引起污染，因此，它被认为已不合现代社会的潮流，其前景颇不乐观。

2）卡纸

卡纸是介于纸和纸板之间的一类厚纸的总称。

卡纸用于制作明信片、卡片、画册衬纸等，纸面较细致平滑、坚挺耐磨。不同用途的卡纸，还有不同的特性，如明信片卡纸须有良好的耐水性，米色卡纸须有适当的柔软性等。

（1）白卡纸：是一种较厚实的纯优质木浆制成的白色卡纸，经压光或压纹处理，主要用于包装装潢的印刷承印物，分为 A、B、C 三级，定量在 210～400 g/m²。

白卡纸也称双面白。白卡纸比灰白卡纸档次高，白卡纸由三层组成：表层和底层为白色，光滑平整，可做双面印刷；中层为填料层，原料较差。白卡纸质地较坚硬，薄而挺括，用途较广，如做各种高档包装盒、烟盒、口杯、儿童读物等。装订用白卡纸主要做软面书壳、平装封面、说明书、硬衬等。

（2）玻璃卡纸：一种高定量的铸涂纸。玻璃卡纸一般为白色，白度在 85% 以上，也有些产品为彩色，具有极高的平滑度（纸面犹如镜面一般平滑）、光泽度，很高的挺度。

玻璃卡纸多用于制作高级香烟包装盒，药品、化妆品包装盒等。通过采用性能良好的 CE-04 剥离剂，使纸张涂层在湿状态下容易黏结在铸涂缸表面，形成很高的纸面光泽度，而干燥后又赋予纸张卓越的剥离性能，从而提高了纸张的操作性能和生产效率；同时选择了恰当的加入点，避免了铸涂卡纸因发生黏缸而引起的麻坑点、针孔等纸病，提高了成纸品质。

（3）玻璃面象牙卡纸：纸面有象牙纹路。玻璃面象牙卡纸价格比较昂贵，因此一般用于礼品盒、酒盒等高档产品包装。

3）铜版纸

铜版纸（见图 7-12）又称涂布印刷纸，是以原纸涂布白色涂料制成的高级印刷纸。铜版纸主要用于印刷高级书刊的封面和插图、彩色画片、各种精美的商品广告、商品包装、商标等。

铜版纸的特点：纸面非常光洁平整。铜版纸要求有较高的涂层强度，涂层薄而均匀、无气泡，涂料中的胶黏剂量适当，以防印刷过程中纸张脱粉掉毛，另外，铜版纸对二甲苯的吸收性要适当，能适合 60 线/厘米以上细网目印刷。

4）胶版纸

胶版纸也称胶版印刷纸，是一种较为高档的印刷纸，一般专供胶印机作书版或彩色版印刷。胶版纸有单面与双面之别。胶版纸含少量的棉花和木纤维。胶版纸纸面洁白光滑，但白度、紧密度、光滑度均低于铜版纸。它适用于单色凸印与胶印印刷，如制作信纸、信封、产品使用说明书和标签等。胶版纸用于彩印，会使印刷品暗淡失色。它可以在印刷简单的图形、文字后与黄板纸袜糊制盒，也可以用机器压成密楞纸，置于小盒内作衬垫。

5）瓦楞纸

瓦楞纸（见图 7-13）又称波纹纸板，一面或两面粘有一层盖面纸，具有较好的弹性和延伸性。瓦楞纸主要用作纸箱的夹心以及易碎商品的包装材料。用草浆和废纸经打浆，制成类似黄板纸的纸板，再机械轧成瓦楞状，然后在其表面用硅酸钠等胶黏剂与普通包装纸黏合而成。

瓦楞纸板的瓦楞波纹好像一个个连接的拱形门，相互并列成一排，相互支撑，形成三角结构体，具有较好的

图 7-12　铜版纸

图 7-13　瓦楞纸

机械强度，从平面上也能承受一定的压力，并富有弹性，缓冲作用好；可制成各种形状大小的衬垫或容器，其制作过程比塑料缓冲材料的制作过程要简便、快捷；受温度影响小，遮光性好，受光照不变质，一般受湿度影响也较小，但不宜在湿度较大的环境中长期使用，这会影响其强度。

瓦楞纸板一般分为单瓦楞纸板和双瓦楞纸板两类，按照瓦楞的尺寸分为 A、B、C、E、F 五种类型。图 7-14 所示为瓦楞纸板结构示意图。

瓦楞纸纸面平整，厚薄要一致，不能有皱折、裂口和窟窿等纸病，否则增加生产过程的断头故障，影响产品质量。瓦楞纸板经过模切、压痕、钉箱或粘箱制成瓦楞纸箱。瓦楞纸箱是一种应用最广的包装制品，用量一直是各种包装制品之首。

瓦楞纸箱之所以应用广泛，是因为它具有许多独特的优点：①缓冲性能好；②轻便、牢固；③外形尺寸小；④原料充足，成本低；⑤便于自动化生产；⑥包装作业成本低；⑦能包装多种物品；⑧金属用量少；⑨印刷性能好；⑩可回收复用。

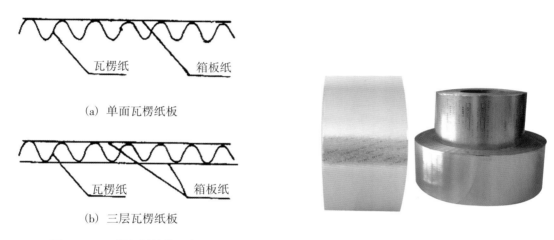

图 7-14 瓦楞纸板结构示意图

(a) 单面瓦楞纸板

(b) 三层瓦楞纸板

图 7-15 铝箔纸

6）铝箔纸

铝箔纸（见图 7-15）是一种由金属铝直接压延成薄片的烫印材料，其烫印的效果与纯银箔烫印的效果相似，故又称假银箔。

铝的质地柔软、延展性好，具有银白色的光泽，如果将压延后的薄片用硅酸钠的物质裱在胶版纸上制成铝箔片，还可以进行印刷。铝箔纸质软，容易变形，如纸一样，而且变形后不反弹。铝箔纸可以定性，保证遮光，不会掉落，无污染，价钱便宜，供高级卷烟、糖果等物品防潮和装饰包装用。

铝箔纸的用途十分广泛，例如航空食品包装、普通肉食包装、烟卷包装等。有关专家根据其应用特点的不同，将它分成了 20 多个品种。不同国家由于经济发展水平的差异，铝箔消费结构也存在很大差距。在欧美发达国家，用于包装的铝箔产品占总需求量的 70%。在中国市场上，铝箔主要是作为工业制造原辅材料，包装铝箔只占国内需求总量的 30%。

铝箔是柔软的金属薄膜，不仅具有防潮、气密、遮光、耐腐蚀、保香、无毒、无味等优点，而且还因为有优雅的银白色光泽，易于加工出各种色彩的美丽图案和花纹，因而更容易受到人们的青睐。特别是铝箔与塑料和纸复合以后，把铝箔的屏蔽性与纸的强度，和塑料的热密封性融为一体，进一步提高了作为包装材料所必需的对水汽、空气、紫外线和细菌等的屏蔽性能，大大拓宽了铝箔的应用市场。由于被包装的物品与外界的光、湿、气等充分隔绝，从而使包装物受到了完好的保护。尤其是蒸煮食品的包装，使用这种复合铝箔材料至少保证食物一年不变质，而且加热和开包都很方便，深受消费者喜爱。

Nobilin 是一种帮助消化的药物，其药片板背面设计的是一些猪、牛、鱼等高脂动物模样的标靶，当取出 Nobilin 药片后，打开的包装就像瞄准这些容易让人消化不良的动物被打中了一枪，如图 7-16 所示，它告诉你，这些药丸到肚子里面后就是这样高效率地进行工作的。

2. 塑料包装材料

塑料是以合成或天然的高分子树脂为主要材料，添加各种助剂后，在一定的温度和压力下具有延展性，冷却后可以固定其形状的一类材料。天然或合成高分子树脂分子在熔融状态下，且周围均匀分布助剂分子的过程称塑化，已经达到了这个过程称已经塑化了，还没有达到，被认为尚未塑化。塑料包装是包装业中四大材料（纸及纸板占 30%，塑料占 25%，金属占 25%，玻璃占 15%）之一。图 7-17 所示为塑料浇水灌。图 7-18 至图 7-22 所示为包装示例。

图 7-16 铝箔纸包装

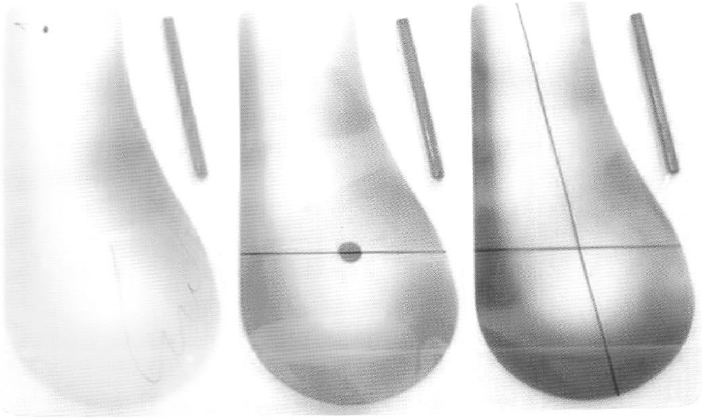

图 7-17 塑料浇水灌

图 7-18 果汁饮料包装盒

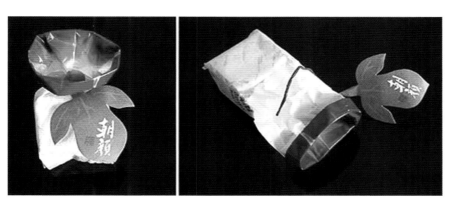

图 7-19　花型糖果包装

图 7-20　创意果酒包装

　　塑料的主要特性如下：①密度小，强度高，可以获得较高的包装得率（即单位质量的包装体积或包装面积大小）。②大多数塑料的耐化学性好，有良好的耐酸、耐碱、耐各类有机溶剂，长期放置，不发生氧化。③成形容易，所需成形能耗低于钢铁等金属材料。④具有良好的透明性，易着色性。⑤具有良好的强度，耐冲击，易改性。⑥加工成本低。⑦绝缘性优。

　　塑料包装的缺点如下：①易老化。②耐热性差。③易变形。④不易分解，污染环境。⑤有些材料还带有异味，其部分低分子物有可能渗入内装物。⑥易产生静电，容易弄脏。

　　1）PET（聚酯）

　　用途：饮料瓶（透明度高，光洁）。

　　警告：耐热至 70℃左右，加热后溶出有害物质并融化变形。它不耐油脂，依靠稳定剂，正常使用寿命为

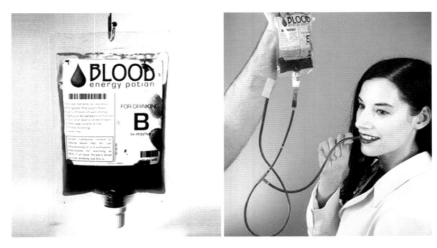

图 7-21　为果味能量饮料而设计的输血式的血袋包装　　　　图 7-22　某曲奇饼干的爆炸头包装

10 个月至 2 年，超出使用寿命会溶出致癌物质。

2）HDPE（高密度聚乙烯）

用途：清洁用品、手提袋（白色，表面略微粗糙）。

缺点：注意防止微生物污染问题，非食品级不得用于食品包装。

3）LDPE（低密度聚乙烯）

用途：保鲜膜（现大多数为聚酯薄膜代替）。

缺点：110℃发生分解（所以千万别放进微波炉中加热）。

4）PVC（聚氯乙烯）

用途：下水管、不干胶、塑料制品。

警告：不可用于食品包装，含有单分子氯乙烯和增塑剂（有致癌作用）。

5）PP（聚丙烯）

用途：微波炉餐盒、水杯等，半透明白色材料。它是唯一可以进微波炉加热的塑料。

提醒：虽然国家规定微波炉餐具一定要使用 PP 材料，但是国家规定并未要求微波炉餐具盖子一定要使用 PP 材料。

6）PS（聚苯乙烯）

特点：发泡塑料，热敏感，酸碱敏感，油脂敏感，加热会分解为单分子聚苯乙烯，对人体有害。

提醒：国家为环保禁止生产聚苯乙烯饭盒。现在流行石蜡泡纸做的饭盒，饭菜不要长时间放在这样的饭盒里，更不要连同这样的饭盒一起放进微波炉中加热。

7）PC（聚碳酸酯）

用途：水杯、饮用水桶。

提醒：不能加热，注意老化问题，危害成分为双酚。

图 7-20 所示为酒水品牌 Smirnoff 旗下的果汁酒的包装，因为果汁酒共有三种口味：柠檬、西番莲和草莓，所以设计师就使用水果自身的纹理为题材在酒瓶直接包裹一层薄膜果皮，让你打开包装时感觉好像在剥开水果，也同时寓意果汁酒新鲜甜美。

图 7-21 输血式的血袋包装专为果味能量饮料而设计，迅速为你输入能量。

3. 玻璃包装材料

玻璃包装容器是将熔融的玻璃料经吹制、模具成形制成的一种透明容器。玻璃包装容器主要用于包装液体、固体药物及液体饮料类商品，如图 7-23 至图 7-26 所示。

图 7-23　绝对伏特加包装

图 7-24　身上穿着土耳其传统服饰的 Harem Sultan Wine

图 7-25　可口可乐瓶身创意设计

图 7-26　奶瓶包装

玻璃包装容器按不同标准可分为不同类别。

1）按瓶口大小进行分类

①小瓶口瓶，瓶口内径小于 20 mm 的玻璃瓶，多用于包装液体物料，如汽水、啤酒等。

②大瓶口瓶，瓶口内径大于 30 mm 的玻璃瓶，又称罐头瓶，其颈部和肩部较短，瓶肩较平。大瓶口瓶多呈罐状或杯状。由于瓶口大，装料和出料均较易，多用于包装罐头食品及黏稠物料。

2）按几何形状进行分类

①圆形瓶，瓶身截面为圆形，是使用最广泛的瓶型，强度高。

②方形瓶，瓶身截面为方形，这种瓶强度较圆形瓶强度低，且制造较难，故使用较少。

③曲线形瓶，截面虽为圆形，但在高度方向却为曲线，有内凹和外凸两种，如花瓶式、葫芦式等，形式新颖，很受用户欢迎。

④椭圆形瓶，截面为椭圆，虽容量较小，但形状独特，用户也很喜爱。

3）按用途进行分类

（1）酒类用瓶，酒类几乎全用玻璃瓶包装，以圆形瓶为主。

（2）日用包装玻璃瓶，通常用于包装各种日用小商品，如化妆品、墨水、胶水等，由于商品种类很多，故其瓶形及封口也是多样的。

（3）罐头瓶，罐头食品种类多、产量大，故罐头瓶自成一体。罐头瓶多为广口瓶，容量一般为 0.2 ~ 0.5 L。

（4）医药用瓶，是用来包装药品的玻璃瓶，有容量为 10 ~ 200 mL 的棕色螺口小口瓶、完全密封的 100 ~ 1 000 mL 的输液瓶。

（5）化学试剂用瓶，用于包装各种化学试剂，容量一般为 250 ~ 1 200 mL，瓶口多为螺口或磨口。

4）按色泽分类

瓶子按色泽分为无色透明瓶、白色瓶、棕色瓶、绿色瓶和蓝色瓶等类别。

5）按瓶颈形分类

瓶子按颈形分为颈瓶、无颈瓶、长颈瓶、短颈瓶、粗颈瓶和细颈瓶等类别。

6）碱石灰玻璃

碱石灰玻璃是最常用的工业玻璃，无色，透光好，不会污染里面的存储物，多用于化妆品包装设计。

7）铝玻璃

铝玻璃也称水晶玻璃，折射率高，质地软，容易加工，晶莹剔透，用于制作高档酒瓶、奖杯等。

8）硼硅玻璃

硼硅玻璃稳定性好，抗热冲击，用于实验仪器、光学仪器、烧烤器皿等。另外还有特种玻璃、密封玻璃等，应用性好，应用广泛。

玻璃包装材料的优点：优良的光学性能；化学惰性和稳定性好；阻隔性能好；抗内压强度高。

玻璃包装材料的缺点：抗冲击强度低；质量大；不能承受内外温差的急剧变化；生产耗能大。

三、复合包装材料   THREE

随着社会的进步，人类需求不断增加，各种功能性和环保型的包装薄膜不断出现，如图 7-27 至图 7-30 所示。例如环保安全、降解彻底，又有良好的热封性能的水溶性聚乙烯醇薄膜，除了作为单层包装材料外，作为内层膜的应用也在开发中。图 7-30 所示设计将果冻上方的塑料薄膜设计成水果的切面，这样看着这款包装，就犹

图 7-27　食品包装

图 7-28　Ashley Linnenbank 为 Teet 牛奶设计的圆润牛奶包装

如看到了一个新鲜的水果，特别诱人、可爱。

因为复合包装材料牵涉的原材料种类较多，性质各异，哪些材料可以结合或不能结合，用什么东西黏合等，问题比较多且复杂，所以必须精心选择，方能获得理想的效果。复合包装材料的选择原则：①明确包装的对象和要求；②选用合适的包装原材料和加工方法；③采用恰当的黏合剂或层合原料。

图 7-29　果冻产品设计　　　　　　　　　　　　图 7-30　果冻产品设计

四、环保新材料　　　　　　　　　　　　　　FOUR

国际上保护环境、爱护地球、节约资源的呼声越来越高，国际市场对产品包装的要求也越来越严格。无害化、无污染、可再生利用的环保包装在商品出口贸易中起着举足轻重的作用。包装的使用寿命短，使用量却大，并且难以集中，对城市环境污染大。走可持续发展道路已成为全球关注的焦点和迫切任务，并成为各行各业发展及人类活动的准则。包装材料的发展必须以节省资源、节约能源、用后易回收利用或易被降解为技术创新的出发点。

环保包装材料大致包括可重复使用和可再生的包装材料、可食性包装材料、可降解材料和天然纸质材料等。环保包装体现在用料省，废弃物少且节省能源，易于回收再利用，包装废弃物不产生二次污染。因此，环保包装材料的选择应符合无害化、无污染、可再生利用的基本原则。纯天然的环保包装材料虽然无污染，但商业成本较高，对地球资源也是一种严重浪费。而复合环保材料因具有成本低、无污染、易回收再利用等特点，将成为未来环保包装的主流。

这些绿色环保包装作品，有用可回收纸制作的包装袋，也有用麻绳类做的包装盒。而这些包装不仅仅美观，更让人感到舒适，在艺术上让人更加喜欢，如图 7-31 至图 7-34 所示。

泰国的柚子是当地的重要农产品，设计公司为其设计了一款新的包装，更加的环保与永续经济。这款包装用的是当地的一些水生植物，由当地居民运用擅长的工艺技术制作而成，并且这些包装材质也会在三个月内被生物分解，因此不会对环境造成影响。

瑞士传奇集团在包装上推崇一种称为"大环保"的理念，认为生态是人与其他生灵生存与发展的家园，要像爱家一样爱生态环境，因此他们从生产工艺、产品原料到包装都遵循"生态优先"的原则。所有外包装均用环保纸板，其用于造纸的原料没有砍伐一棵树，大部分来源于生产有机护肤品剩余的天然花草植物纤维，材料耗费少，大约是传统包装方式的1/3，包装材料在自然界可分解，不污染环境，不但符合了循环利用的环保理念，还象征着源于自然，走向自然的意境；所有外包装没有用一滴胶和任何黏合剂，全靠纸和纸的相互作用力支撑成形，不但不污染环境还象征了齐心协力，共同保护地球的寓意，也象征了创造和锐意进取；外包装纸设计简约大方，象征着瑞士学术界一贯的低调、严谨作风。

图 7-31　环保包装

图 7-32　环保包装

图 7-33　环保包装

图 7-34　瑞士传奇集团的环保包装

 小结

科技的进步不断推动设计的发展，包装材料不断创新为包装设计的发展提供了更为广阔的空间。包装设计师要不断更新包装材料发展信息，把握包装设计发展的方向。

 思考题

1. 包装材料探索性应用的表现有哪些？请尝试运用三四种包装材料进行设计。
2. 如何在当今包装设计中合理利用绿色环保材料进行包装设计？

 实训项目

在市场上考察包装材料，掌握其性能及适用范围。

项目八
包装装潢设计

BAOZHUANG
SHEJI
YUSHIXUN

◀ ◀ ◀ ◀

◀ ◀ ◀ ◀

■■ 任务名称 ■
包装装潢设计

■■ 任务概述 ■

通过对包装装潢设计知识的讲解，使读者掌握包装字体设计技巧、包装图形设计技巧、包装色彩设计技巧、包装版式设计技巧；了解包装字体设计知识、包装图形设计知识、包装色彩设计知识、包装版式设计知识。通过本项目任务的学习及实践，使读者具备能够根据设计项目进行包装视觉要素设计的能力。

■■ 能力目标 ■

能够根据设计项目的要求及行业标准进行包装视觉要素设计。

■■ 知识目标 ■

1. 了解包装字体设计知识；
2. 了解包装图形设计知识；
3. 了解包装色彩设计知识；
4. 了解包装版式设计知识。

■■ 素质目标 ■

1. 搜集相关资料的能力；
2. 与设计团队沟通、协调的能力。

一、包装装潢设计的构思方法   ONE

关于包装平面视觉要素的设计，在国外有"SAFE"的设计观。这里的"SAFE"是四个单词的缩写。

"S"：代表 simple，指简洁。

"A"：代表 aesthetic，指美观。

"F"：代表 function，指实用。

"E"：代表 economic，指经济。

四者成为包装平面视觉要素的设计评估的标准。

1. 掌握设计的一般标准

1）群众性

任何一款商品及其包装都拥有它特定的消费群体，而且在不断地扩大和寻找新的消费群体。设计师要使设计的作品具有群众性，就应认真地替消费者着想，使包装成为消费者使用商品的得力助手和高明顾问。

2）销售性

包装设计承担起的是"无声推销员"的职责，在消费者的心中建立起商品的形象，显示商品的性能和特色，引起消费者的注意，使消费者产生或增强购买欲望，从而实现销售目的。

3）文化性

消费者不仅要求商品要有更高的质量，而且对包装所烘托、酝酿出来的心理价值要求更高。因此，在进行包装设计构思时，不但要考虑消费者的物质要求，而且要考虑消费者的精神需求，要使包装设计散发一定的文化气息，具有一定的艺术感染力。

这里包装的文化性是以群众性与销售性为前提的，文化性必须为群众所接受，并有利于销售。

2. 研究具体商品的特殊要求

各种不同的商品，都有特点，在构思时就要抓住本质，研究它与其他商品的不同之处。一个构思的形成，首先必须建立在对所设计商品充分了解的基础之上，因此，无论设计哪类商品都必须做一番认真细致的调查研究工作。要了解商品的属性、特点、用途、原料、性能、规格、使用对象、销售地区以及不同地区、国家对包装的不同要求和不同民族的欣赏习惯，同时还必须考虑印刷材料和工艺条件等各有关方面的情况，这样才能为构思的形成提供坚实的基础。

就包装设计的目的而言，最终是识别与促销，同时，又有各自特殊的目的：或为开拓新市场；或为巩固原有市场；或为创造特定的市场；或为塑造商品的新风格。不同的目的，也必然会对设计提出不同的要求。总之，不同的商品在不同的情况下，对包装都有其特殊的要求，因此包装设计的构思应与这种特殊要求相适应。

以礼品包装设计为例，在人类社会中素有"礼尚往来"的习俗，这其中自然少不了礼品。这时礼品的包装就显示出非常重要的作用，对礼品包装的设计也就有了更高的要求。因此，礼品包装设计与一般包装设计的着眼点就有相当大的差异。

首先，礼品包装要表达出送礼者的诚意及送礼者与接受礼品者的身价。因此，礼品包装设计需要通过特殊的材质、加工工艺及独具匠心的身价充分体现出礼品的高档感，至于礼品包装的结构，可采用拎盒式、提篮式等，做到既美观又便于携带。同时，为适应消费者的多种需要，对礼品包装也可以做系列化的设计。

其次，不同的节庆日都有不同的主题。如何表现好各种不同的主题，是礼盒取胜的要点。在节庆中，传统的节日要数春节、端午节、中秋节等，另外，还有从西方传来的圣诞节、情人节等以及生日、结婚纪念日等各种纪念日。如传统的春节礼品包装不仅要表现出中国风格，而且还要表现出喜气洋洋的新春祝福；圣诞节礼物包装则肯定以圣诞老人、圣诞树等为主角；情人节礼盒自然就以浪漫、情谊深长为主旋律；结婚贺礼，其包装可饰以双喜、鸳鸯、龙凤等图案以表祝福；生日礼品的装饰应有祝愿生日快乐之类的字样；而祝寿的礼品包装则应装饰有寿字或松鹤延年之类的图案。

此外，还有一种通用型的礼品包装，则可以使用装饰性的图案，而这种图案及其色彩应该给人以美好、祥和的感受，以表达送礼者的良好的心意和受礼者追求美好生活的愿望。这种通用性礼品包装的优点就是适应性比较强，可以在不同的情况下使用，而缺点就是针对性较弱。

3. 确定包装设计的主题

包装设计必须主题突出，包装的促销作用是在极为有限的方寸之地进行并发挥的，因此要求主题必须集中鲜明。为确定设计的主题，必须从提高商品市场竞争力的基本要求出发，对该商品的生产、销售和消费等各方面资料进行分析研究，包括商标的形象和品牌的含义、商品的特性和功用、商品的产地和原料、商品的行销地区和消费群的特点、与同类商品比较在包装上的特殊要求等。只有尽可能多地了解有关资料，才能较恰当地选取设计主题。

设计主题的选取范围，一般可以在商品、品牌和消费者之间选定。如果商品的品牌在社会上已有相当的影响，可以考虑将设计主题选定在品牌的范围中；如果商品具有某种特色或特性，可以考虑从商品本身的范围内选取设计主题；如果商品是面向特殊需求的消费群的，就可考虑从消费者的特点来选取设计主题。其中以商品本身作为设计主题，往往具有较大的表现空间，因为众多商品均有其各自的特有形态和质感等；同种商品又有其多视角的表现力。总之，无论主题怎样选取，都要以充分、正确地传达商品信息为目的。

主题的范围选定以后，接下来就要进行更深层次的确认。如果把设计主题选定在品牌范围之中，那就要确认，是表现商标形象，还是表现品牌所具有的某种含义。如果把设计主题选定在商品本身的范围之中，那就要确认，是表现商品的外在形象，还是表现商品的某种内在属性；是表现其构成成分，还是表现其功能效用；是表现其原料特性，还是表现其产地特点。如果把设计主题选定在消费者的特点的范围之中，那就要确认，是表现行销地区的风土人情以满足消费者的心理需求，还是表现消费群的形象特征，以增强消费者对商品的亲切感……

集中、鲜明、生动的主题，可以使消费者在一晃而过的瞬间或接触的刹那，对商品产生深刻的印象，有利于商品在市场上的销售。当然，主题不是唯一的内容，而是要使包装设计有一个主导的倾向和突出的特色。

4. 包装装潢设计的构思

1）直接表述构思法

直接表述构思法是包装装潢设计构思常用方法之一，指以写实的描绘或影像手段直接表现实物，视觉语言准确、真实、生动，信息传递一目了然。

图 8-1 所示为越南包装设计师 Anthony 设计的一款乌龙茶包装。他的设计思路受到茶叶外形与种植园劳动场景的启发，独辟蹊径，不走寻常路，设计了这款乌龙茶包装造型。

图 8-1　乌龙茶包装

2）联想寓意构思法

联想寓意构思法指由视觉或听觉引发记忆中的联想，并产生新感觉的思维方式，激发消费者对产品价值的认识及特定文化的亲切感，从而产生购买欲望，如图 8-2 至图 8-5 所示。

3）扩散思维构思法

扩散思维构思法是指打破固有概念和思维模式，以多元、扩散、立体的设想来适应当代消费者的审美需求。

图 8-6 所示为德国茶商 Haelssen and Lyon 的创意：日历茶。直接将茶叶处理、压制成薄片，上面用可

图 8-2　酒包装

图 8-3　国外优秀包装设计

图 8-4　中国、澳大利亚和法国版
可口可乐的"高富帅"包装

食用的材料印上日期，做成日历，每天撕下一片，直接扔开水里就能泡成茶，是非常方便又有趣味的一个包装设计。

图 8-5　粮食和食品的包装

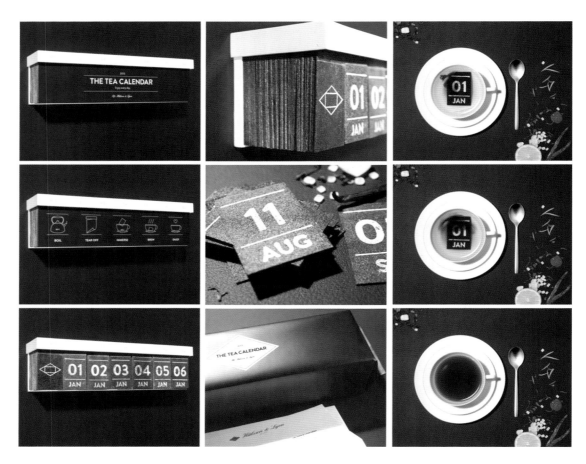

图 8-6　日历茶包装

4）会意构思法

会意构思法指由产品的形态或内涵而引发的与其本身等同、类似或相反的联想与体验。

图 8-7 所示为塞尔维亚设计师 Tamara Mihajlovic 为某蜂蜜品牌设计的优秀标志图形和独特的产品包装。设计师根据蜜蜂的形态与蜂巢结构，设计出的不规则的切面折射出丰富的表面光感，甚至带有一种精品般的高贵质感。

5）借鉴思维法

借鉴思维法指按照"古为今用，洋为中用"的原则和"取其精华，去其糟粕"的要求，把民族传统与时代精神相结合，使设计适应市场的需求，如图 8-8 所示。

图 8-7　蜂蜜包装　　　　　　　　　　　　　　　　　图 8-8　护肤品包装

二、包装的色彩设计 TWO

1. 包装色彩设计的原则

1) 商品的形象色原则

包装的色彩设计要与商品的属性配合，其色彩设计应该使顾客能联想出商品的特点、性能，包装的色彩应当是被包装的商品内容、特征、用途的形象化反映。也就是说，无论什么颜色，都应以配合商品的内容为准。顾客看到包装上的色彩，就能联想出包装中的商品。在色彩中，这种体现商品的色彩，称为形象色。一般说来，注意反映商品的形象色，能使消费者易于辨认，利于商品的销售。商品包装的种类大致分为食品、药品、家用电器、化妆品、洗涤用品、日用品等几大类。这些种类商品包装的色彩都有着各自不同的要求和特点。

例如食品包装，只要在食品店前稍加留意，就会察觉到黄色和红色几乎在所有的包装上扮演着主要角色。这是因为在日常生活中，食物的色彩多以红色、黄色及其他暖色为主。因此，食品包装的色彩设计，应当采用明快、富有食欲感的暖色系列色彩。

从一般的角度来说，包装的色彩设计，应使消费者从包装色彩上就能辨认出某种商品的信息。就各种色彩看，红色调可用于化妆品、食品；绿色调可用于各式泳装、水上运动器具、冷饮、夏季的背心、风扇、冰箱等商品；蓝色可用于五金机械、电器的包装，给人以清新之感，医药用品的包装也可采用蓝色调；紫色调可用于高级化妆品、珠宝、馈赠礼品的包装，给人以高贵、端庄、典雅之感。

这些并非是绝对的准则。对包装色彩的设计应多进行商品包装的市场调查，当然还要敢于创新、突破。但在一般情况下还是可以借鉴的。如冬季用品的包装，用暖色，就会给人温暖感；夏季用品的包装，用冷色，就会给人清凉感；纺织品的包装，用黄色调，会使人产生温馨感。

由此可见，在包装设计时对商品形象色的选择和运用是一个重要的问题。

2) 色彩与销售的原则

设计商品包装的时候，设计者必须先调查一下同类包装的形态和色彩倾向，以及这类商品给人的印象，是浓烈还是清爽，是暖热还是寒冷，是坚硬还是柔软，会使人产生何种感觉。有了这些认识以后，设计者再按照商品形象色的原则，结合商品自身的特点，加以灵活运用，设计的色彩就会接近消费者的心理需求。

包装的色彩设计一般应以少胜多，当然，由于消费者年龄和地区差异等因素，他们对色彩的爱好也是有很大区别的。

应该指出，色彩学不是销售学，色彩学与销售学对于同一种颜色的评价，其结论往往是不相同的。从销售学的观点出发，一切配合销售所进行的设计都必须符合销售策略，这往往会突破色彩的禁忌，从而使包装的设计越发千变万化。从这个意义上来观察商品包装的色彩，就会发现有许多包装是违背色彩学的。如"蓝罐曲奇"包装并未采用暖色系列颜色而是大胆地采用满底蓝色，再配以令人垂涎欲滴的曲奇饼形象，充分调动了消费者的购买欲望。

3) 色彩的时尚性与民族性原则

时尚性是指一定时期流行性的审美因素，也指某地方的风尚习惯，民族对色彩的喜爱。考虑色彩的时尚性，说到底是考虑市场因素。在 20 世纪 80 年代初，法国流行黑色，以黑色为贵，当时的化妆品竟出现了黑色调。黑色调有高贵、新潮之感。俄国大作家托尔斯泰的《安娜·卡列尼娜》中的安娜就喜欢黑色调，她穿上黑色的衣服显得那样的高贵、典雅。黑色调用好了可以提高商品的品位，如用不好，就会失败，用黑色调一般要慎重。

使用包装色彩一定要了解一些国家、民族对色彩的喜爱与禁忌。包装色彩使用得当，包装可以使人产生美感，反之，如果不了解一些国家、民族对色彩的喜爱与禁忌，出口商品就可能发生意想不到的情况。蓝色在埃及往往是被用来形容恶魔的色彩等，这些都是一些不同地方的习惯。我国幅员辽阔，东、南、西、北、中，城市与农村、沿海与内地、少数民族与汉族地区等，对形式美的感觉都有所不同。因此，包装设计若要更好地适应不同地方消费者的喜好，从而被消费者接受，就要进行相应的调查研究。

2. 包装色彩设计的易见度和醒目度

在产品包装设计中，色彩的易见度和醒目度直接影响产品信息传达。

色彩在视觉中容易辨认的程度称为色彩易见度。易见度受明度影响最大，其次是色相和色度。人们习惯于白底黑字，就是因为黑、白两色的明度级差大。但同时可能有这样的经验，在白纸上用黄颜色的彩色笔写字、画画，会觉得眼睛识别很困难、很累，这是什么原因呢？原因就是白色与黄色明度差异小，其色彩易见度低，所以难以辨认。易见度还与色彩占有面积有关，面积大、明度高，色彩易见度就好。

色彩醒目度是指色彩容易引起视觉冲击的程度。醒目度高的色彩易见度不一定好，如鲜艳的红色与绿色搭配非常刺眼，醒目度高，但易见度差，这是因为两色之间的明度差太小。醒目度高的色彩受色相与纯度的影响较大，暖色有前进感和膨胀感，容易引起视觉注意，较为醒目；冷色有后退感和收缩感，不容易引起视觉注意。喜庆商品的包装设计常常采用暖色系列的色彩搭配，除了具有喜庆感，同时也考虑它的醒目程度，能更加吸引消费者。

在产品包装中需要突出的内容或信息，色彩设计时宜选择易见度高、醒目的色彩，如包装上的商品名称，一般都选用对比较强或明度较高的色彩，以突出主题。

3. 包装色彩的对比与调和

1）色彩的对比

①色相对比：色相是色彩的外貌。色相对比是指不同色彩在时间和空间上的相互关系及其对视觉所产生的影响。在产品包装设计中，色相对比的运用能使设计的效果鲜艳、明快，有较强的视觉冲击力。

色相在色环上的位置决定色相对比的强度。同类色对比，色相位于色环上相距15°以内的对比；类似色对比，色相位于色环上相距30°以内的对比；邻近色对比，色相位于色环上相距60°以内的对比；对比色相对比，色相位于色环上相距120°以内的对比；补色对比，在色相环中的两色均位于直径的两端，相距180°，是色相中最强烈的对比，如红与绿、黄与紫、蓝与橙等。在包装设计中，运用补色对比进行色彩设计，会使产品包装有一种绚丽夺目的感觉，使包装在众多的竞争对手中脱颖而出，但补色对比是最难处理的，运用时应避免杂乱。

②明度对比：将两种不同明度的色彩并列，产生明的更明、暗的更暗的现象。人眼对明度的对比最敏感，明度对比对视觉的影响最大。在产品包装的色彩设计中，运用明度对比能使包装的整体形象更加鲜明、强烈，重点更加突出。

③纯度对比：指不同纯度的色彩并列，产生鲜的越鲜、浊的越浊的色彩对比现象。纯度对比较之明度对比和色相对比更柔和、更含蓄，具有潜在的对比作用。

④面积对比：任何配色效果如果离开了互相间的色面积对比都将无法讨论，有时对面积的斟酌要超过对颜色的选用。对比色双方面积大小悬殊能产生烘托和强调效果。同一色彩面积越大，越能使色彩充分表现其明度和纯度的真实面貌，面积越小，越容易形成视觉上的识别异常。在包装设计中，加大色彩的面积可以突出重点、增强效果。色彩的形态、位置对比，也能获得不错的视觉效果。

2）色彩调和

色彩调和是指两种或两种以上色彩配合得适当，能相互协调，达到和谐。

人们对色彩和谐的观点可归纳为两大类：一类是一味求统一，如"和谐就是雷同"，"和谐就是近似"，越统一越和谐，把和谐当作了对比的反面，这样的认识太狭义；另一类是通过色彩力量的对抗从中求得和谐，如"和谐包含着力量的平衡与对称"。和谐观念伴随着时代及生存环境的变化在不断发生着转变。今天人们对和谐的理解已不仅仅满足于统一、近似给予的舒服、美好的调和感觉，而是多方位追求具有不同特征、不同价值、不同对比的色彩表现。

　　然而，和谐也只是相对的。和谐随着消费者的情绪、个人的经验和生活的适应（包括历史、地理背景及个性要求）发生变化，有时只要符合个人的追求和需要，即使以往普遍认为不调和的关系，在特定的时空条件下也会成为调和的关系。

　　色彩调和有统一性调和与对应性调和之分。前者是以统一为基调的配色方法，在色彩三属性中尽量消除不统一因素，统一的要素越多越融合。后者是一种广泛的、适应范围更广的配色方法，它完全基于变化的基础，调和的难度比较大。如果色彩效果强烈、富于变化、活泼生动，那就有必要采用对应性调和的方法。对应性调和的关键是要赋予变化以一定的秩序，使之统一起来。秩序是整体与部分之间存在的共同因素，比如节奏、同质要素、共同形状、共同含有的色彩、统一的色调等。但是调和不是给设计戴上桎梏，而是为设计师提供探索新的色彩表现手段的可能性。

4. 产品包装中色彩的视觉心理效应

　　色彩的感受通常可以通过心理来判断。色彩作为视觉传达的重要因素，它总是通过两个方面在不知不觉中左右着人们的情绪和行为。一方面是人的大脑在色光直接刺激下的直觉反应，如明度高的色彩，刺眼、使人心慌。这是一种直觉性的反应，属于直接心理效应。当直接心理效应强烈时，会唤起直觉中更为强烈、复杂的心理感受，如饱和的红色，令人产生兴奋、闷热的心理情绪，甚至联想到战争、伤痛、革命等，这种因前种效应而联想到的更强烈、更深层意义的效应，属第二个方面，即色彩的间接性心理效应。然而，人的心理状态和对色彩的感知会因各自的生活经历和文化背景发生变化。即使同一个人，在不同的情绪、环境下，对色彩的反应也是不同的，所以，对色彩的理解和体验只凭单纯的直觉是完全不够的，它需要融入各方面知识的积累和人生的体验，从中获得属于自己的感觉。

　　1）直接心理效应

　　人们在观看色彩时，由于受到色彩的不同色性和色调的视觉刺激，在思维方面会产生对生活经验和环境事物的不同反应，明确带有直接心理效应的特征，概括为以下几个方面。

　　（1）冷暖感：属于人体本身的一种感觉，但色彩的冷暖不是用温度来衡量的，也不等于皮肤的冷暖直觉。它是一种经验，源于人们对自然界的了解和感受，如太阳和火焰温度很高，它们所迸射出的红橙色光使人感到温暖、炎热，而冰雪、大海带给人们的是寒冷、凉爽，它们反射出的光色是青、蓝、蓝紫等色。色彩冷暖是相对而言的，相比较而存在的，如绿色相对于橙色来说是冷色，相对于蓝色来说却是暖色。同时色彩的冷暖与明度、纯度有关，低明度、高纯度色具有暖感。无彩色的白是冷色，黑是暖色，灰为中性色。

　　（2）软硬感：在色彩的感觉中，有柔软和坚硬之分，它主要与色彩的明度和纯度有关。高明度、低纯度的颜色倾向于柔软，如米色、奶白、柠檬黄、粉红、浅紫、淡蓝等粉彩色系；低明度、高纯度的颜色显得坚硬，如黑、蓝黑、赭石、熟褐等。从色调上看，对比强的色调具有硬感，对比弱的色调就有暖感；暖色系具有柔软感，冷色系具有坚硬感。

　　（3）轻重感：色彩的轻重主要取决于色彩的明度。高明度色和白色使人联想到棉花、空气、云雾、薄纱等，给人轻飘、柔美的感觉。低明度色和黑色等使人联想到金属、岩石、泥土等，给人厚重、沉稳的感觉。同明度、同色相的色彩，纯度高的感觉轻，纯度低的感觉重。暖色感觉轻，冷色感觉重。

　　（4）前进后退感：色彩的距离感与明度和纯度有关。明度和纯度高的色彩具有膨胀感觉，显得比低明度、低纯度的色彩面积大，因此具有前进感，相反，明度低、纯度低的色彩具有后退感；暖色有前进感，冷色有后退感。色彩的前进与后退感，可在一定程度上改变空间尺度、比例、分隔，改善空间效果。

　　（5）兴奋沉静感：色彩的兴奋与沉静和色彩的冷暖有关。红、橙、黄等暖色给人兴奋感；蓝绿、蓝、蓝紫给人沉静感。此外，明度和纯度越高，使人产生的兴奋感越强。

（6）华丽质朴感：明度高、纯度也高的颜色具有明快、辉煌、华丽的感觉，明度低、纯度低的颜色给人以朴素、沉着的感觉。从调性上看，活泼、明亮、强烈的调子显得华丽，相反暗色调、灰调显得质朴。在设计包装时应根据产品的特性、档次，决定色彩是华丽还是朴素。古老传统的商品，可以运用稳重的灰色来体现一种纯朴、素雅的感觉和悠久的历史感。

图8-9所示为俄罗斯设计师 Valery Babur 精心设计的一款俄罗斯传统下午茶包装。

图 8-9 茶包装

2）间接心理效应

（1）色彩的通感：色彩是人类视觉对阳光下的世界的反映，与视觉密切相关，同时与人的其他感官知觉也密不可分。人的感觉器官是相互联系、相互作用的整体，视觉感官受到刺激后会诱发听觉、味觉、嗅觉、触觉等感觉系统的反应，这种伴随性感觉在心理学上称为"通感"。

视觉与听觉的关联。"绘画是无声的诗，音乐是有声的画"，视觉的享受可以使人联想到流淌的音乐，听觉可以使人联想到斑斓的色彩，甚至一幅幅优美的画面。色彩与音乐相辅、相生、共通，"听音有色、看色有音"，是对视觉与听觉最好的描述。

视觉与味觉、嗅觉的关联。色彩的味觉与人们的生活经验、记忆有关：看到青苹果，就能产生酸甜的味觉；看到红辣椒，就能有辣的味觉；看到黄澄澄的面包，就能有香甜的味觉。所以色彩虽然不能代表味觉，但各种不同的颜色能诱发人的味觉。色彩可以促进人的食欲，"色香味俱全"贴切地描述了视觉与味觉、嗅觉的关系。色彩味觉和嗅觉的使用在食品包装方面较为普遍。比如，食品店多用暖色光，尤其是橙色光来营造温馨、香浓、可口、甜美的气氛，因为明亮的暖色系容易引起人的食欲，也能使食物看上去更加新鲜。再比如，松软食品的包装会采用柔软感的奶黄色、淡黄色等。巧克力的包装采用熟褐、赭石等较硬的色，以体现巧克力的优良品质。酸的食品或者芥末通常采用绿色和冷色系色彩的包装。

图8-10所示为位于西班牙的 Moruba 设计机构为 Vintae 公司白葡萄酒品牌设计的系列瓶贴，品位中流露出清逸、柔美、芬芳浓郁的强烈渲染，同时洋溢着一种馥郁、质纯的隽秀、清新。

图 8-10　白葡萄酒瓶贴

图 8-11 所示为土耳其设计师 Kayhan Baspinar 为某果汁饮料精心设计的清新爽朗的果汁包装。

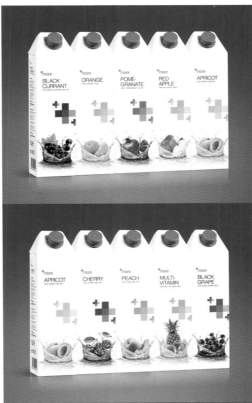

图 8-11　果汁包装

（2）色彩的象征性：源于人们对色彩的认知和运用，是历史文化的积淀，是约定俗成的文化现象，也是人们共同遵循的色彩尺度，它具有标志和传播的双重作用，通过国家、地域、民族、历史、宗教、风俗、文化、地位等因素体现出来。不同国家、民族对色彩具有不同的偏爱，并赋予各种色彩特定的象征意义，如黄色在东方宗教中被认为是最神圣的色彩，在中国是权力、尊贵的象征。

色彩与商品间的关系是复杂的，色彩可以表明商品特点，同时还可以引起人们对商品的其他想象（见图8-12）。例如紫色代表葡萄、红色代表苹果、橙色代表橘子、绿色代表猕猴桃、蓝色代表蓝莓、黄色代表黄桃，这是直接表现产品属性的色彩运用。在不同的文化体系下，色彩所表达的意义可能完全不同。在中国的白酒包装中使用红色，消费者不会因此而误会白酒是红酒，因为红色的运用总是与喜庆之事有关，红色甚至成为白酒包装的主流用色。所以，在产品包装的色彩设计中需要传递某种象征意义时，一定要认真研究色彩的潜在语意，了解色彩的精神象征，才能促进商品的销售。

图8-12 Windows 8 各类版本的包装

（3）色彩的嗜好与禁忌：色彩能引发人们的遐想，能给人带来丰富的联想和回忆，使人产生喜、怒、哀、乐的情绪，因此，绝大多数的消费者对某种色彩有特别的喜好，且随意性强，经常会因为个性、时代、社会形态、流行元素、周围环境、教育形式、突发事件等差异而改变。有色彩嗜好，当然也会有色彩的禁忌，历史传统、民族文化导致有些色彩引起公众的不良情绪和联想，就产生了色彩禁忌。如黄色在一般情况下代表温暖、太阳、权力等，但黄色在以色列被认为是不祥的色彩。包装设计要照顾销售地区的风土民情，所以在色彩设计时，一定要适当地回避运用禁忌色，以免造成不必要的损失。

5. 色彩数量的控制

色彩虽然具有吸引视觉的作用，但用色却并非多多益善，以少胜多常被当作色彩运用的原则。单纯的用色可以将色彩特征集中体现出来，传递的商品信息就会比较直接和明确。用色超过三种就要谨慎考虑了，一定要突出主要色彩，比如企业品牌的标准色。

6. 色彩的实用性与目的性

产品包装的色彩设计是面向产品和消费者的设计，配色具有形成商品印象和促销等功能，有助于提升产品包装整体水平，能促进消费者的购买才是真正和谐的配色、好的配色。包装色彩设计必须考虑使用性与目的性，依据设计对象的性质、主题、功能选择符合目的性的配色。

三、包装的图形设计 　　　　　THREE

图形是一种有助于视觉传播的简单而单纯的"语言"，是超越国度、民族之间语言障碍的世界性"通用语言"。图形是包装设计的主题，在现代包装设计中，图形不仅要具有相对完整性的视觉语意和思想内涵，而且还必须推敲形式美的规律，结合构成、图案、绘画、摄影的相关手法，通过计算机图形软件使其符号化。图形具有丰富的可视性、易识别记忆等特点，在包装设计的色彩、文字等要素中具有独特的作用。

1. 产品包装中图形的分类与特性

1）实物图形

（1）产品形象：在包装上直接展现的商品形象，是包装图形设计中出现较多的形象。通过摄影或写实插图等手法使消费者能够从包装上直接了解商品的形、色彩和品质。为了更直接地使消费者了解商品，看到产品的真实面目，在包装上"开天窗"也是一种很好的展示形式。

（2）原材料图形：有一些加工后的商品从外表看不出原材料，可以通过在包装上展现材料的形象来揭示商品的品质，以更好地突出商品原材料与众不同的特殊性，使消费者能够更好、更全面地了解产品的特色与品质，比如：橙汁饮料包装，主体形象便是橙子；牛奶、奶粉包装，画面用奶牛或奶牛身上的黑白纹。所以，这种原材料图形多适用在食品、饮料等商品包装中，如图 8-13 和图 8-14 所示。

2）象征图形

运用与商品内容无关的形象，以比喻、借喻、象征等表现手法，可以突出商品的功效。在商品本身的形态不适合直观表现或没有特点的情况下，使用象征图形可以增强商品包装的形象特征和趣味。

图 8-13　包装创意设计　　　　　　图 8-14　奶油杏仁包装

3）标志图形

利用产品品牌标志作为包装上面的图形，可强调产品质量的可信度。标志容易记住，在很大程度上代表着企业的信誉和产品的质量。在包装图形设计中，在进行产品品牌标志图形构图时，产品品牌标志所占的比重，要处理得当，不能单纯为了构图的需要而任意放大或缩小它。

（1）企业标志和品牌标志：企业标志代表企业形象，是公司、企业、厂商、产品或服务等使用的具有商业行为的特殊标志。它具有识别功能并通过注册而得到保护。它利用视觉符号的象征功能，以其简单易懂、易识别的特殊性来传达企业的信息，通过符号体现企业个性、传播企业文化。有些企业由于旗下品牌、产品种类繁多，根据不同品牌使用不同的商标；有些企业将企业标志和产品商标综合为一个形象，便于形象宣传。一些著名品牌的商品包装，直接使用标志形象作为视觉传达的主要图形，是很有效的设计方法，明显的品牌图形会给消费者留下深刻的品牌印象，形成良好的品牌记忆，使品牌图形成为商品与消费者之间的桥梁，在认牌购物的消费心理越来越趋向成熟的今天，突出品牌形象显得尤为重要。

以企业标志和品牌标志为主题图形进行包装设计的产品，通常其品牌已经得到市场认可，产品的质量和性能可以通过品牌的固有印象获得，而其他产品一般不采用此种方法。企业标志作为一种视觉识别符号，具有简洁、单纯、准确、易认、易懂、易记、易欣赏等艺术特征。在产品包装设计中，有时会出现企业标志和品牌标志并存的现象，此时两者要注意相互衬托、相互呼应，避免图形上的混乱。

（2）其他标志：在产品包装设计中，还使用一些其他的标志，比如质量认证标志，包括 CCIB 安全认证标志（中国进出口商品检验检疫局检验标志）、强制性产品认证标志、绿色食品标志、绿色环保标志、国家著名品牌标志、纯羊毛标志、有机食品标志、无公害农产品标志、回收标志等；储运标志，包括小心轻放、向上、吊起、易碎品、防潮、防雨等标志。这些标志也比较容易读懂和记忆，但是在产品包装设计中一般放置于次要的位置，不宜喧宾夺主。

4）产品使用示意图

为了使初次使用该商品的消费者准确、便捷地使用商品，可在包装的外装潢设计中展示商品的使用方法与程序。一些产品的展示还需要通过使用状态进行表现，使用者或使用环境都以真实或模拟的样式出现，如工具的使用、商品的开启等。这样不仅突显出商品的特色，而且给消费者带来使用上的无障碍。示意图的位置安排在包装盒的背面或侧面，比较显著，图形简练、明快，使人一目了然。现在还出现了很多用卡通方法表现的产品使用示意图。

5）消费者形象图形

消费者是商品使用的对象，用消费者形象作为包装图形可以体现出消费者使用商品的情景，可以传达商品的特征、性能、用途，多用于儿童玩具、化妆品、生活用品的包装。使用时要根据商品的特征选用，如消费者的年龄、性别、职业等。这种表现方式可以加强商品的可信度。

6）装饰图形

装饰图形是对自然形态进行归纳、简化、夸张，按照造型规律进行创作的图案，是人类对自然形态或对象进行主观性概括描绘，强调平面化、简洁，讲究视觉上的韵律感、节奏感，给人以赏心悦目之感。

各个国家都有属于本民族风格的图案纹样形式，装饰性图形是发扬我国民族设计的最佳形式。中国传统图形深深植根于中国传统文化之中，不仅形式丰富，而且蕴藏着深厚的文化底蕴，具有鲜明的地域性和民族性，并常常是"图必有意，图必吉祥"，如画蝙蝠寓意着"福"等。这些象征寓意的手法运用，将美好的形象与人们的理想愿望相结合，表达了乐观向上的感情。在设计过程中，将传统文化艺术结合到现代包装设计中，可使设计既具有时代感，又能体现中国的文化韵味。面对外来的商品的竞争压力，通过具有民族文化特征的现代包装，可使商品在众多西方市场既有竞争力又不失特色。独具个性又得体的包装不仅可以加强商品的辨认性，而且可以增加商品的文化内涵。

（1）具象图形：指用写实手法客观地表现出来的产品真实形象，能让人一眼就能了解它表达了什么，其特征是容易让人由已知的经验，直接识别并产生联想，使用具象图形最能具体地说明包装中的产品，强调产品的真实感。具象图形的表现手法多种多样，常用的有绘画、商业摄影、插画等，如图 8-15 所示。

图 8-15　葡萄酒包装

（2）抽象图形：一种无直接意念的图形，是用点、线、面来构成肌理特征及色彩关系的，能给人以丰富的联想，往往用在不宜直观或只注重画面效果及心理联想的商品包装上。设计者运用丰富的想象力，通过抽象的形式，将商品的形象、气质、特点体现出来，能实现消费者的视觉及心理满足，使用在现代包装上，可更多地体现出商品的时尚感。

包装上的图形通常应与包装内容物有直接和间接的关联性，有强烈的暗示和隐喻，给人以单纯感、理性感、缜密的秩序感及强烈的视觉冲击力，这样才能更好地传达产品的信息及特征，表现包装产品的某些特质。

创造者通过对点、线、面等造型元素的精心编排和设计，可创造出视觉上具有个性和秩序感的图形，用编排的手法，按照造型的形式规律进行节奏、韵律、对比、渐变、疏密等多种形式的组合，可创造出不同的视觉形象，有时甚至会产生偶发的抽象图形。偶发的抽象图形自由轻松并极具人情味。偶发图形的创作手法很多，比如利用水的特性采用吸附、泼洒、吹散、油水相斥等手段进行创作，利用手撕、火烧等产生自然形态。此外，还有一种手法就是运用相应的肌理特征与商品本身的特征进行结合，以反映出商品的性格和属性。

计算机辅助设计在包装设计中已得到普遍应用。通过一些图像设计软件，可以轻松地得到千变万化的图形，为包装设计提供完美的素材。在传达信息、突出个性的同时，必须是完美的图形，方能给人带来精神上的满足与享受。

常见的抽象图形有几何图形、有机图形和计算机绘制图形等。

2. 产品包装中图形的表现手法

1）摄影

商业摄影图形可以直观、准确地传达商品信息，真实地反映商品的造型、材料和品质，形象逼真，色彩层次丰富，在包装上的应用日益广泛。摄影图形的制作技术非常重要，除写真表现外，还可以进行各种特殊处理，如暗房技术、计算机图形处理，以形成多种图案形式，摄影图形也可以通过对商品的消费使用过程中的情景进行真实再现来宣传商品的特征，突出商品的形象，激发消费者的购买欲望。

2）商业插画

插画是人们喜欢和熟悉的一种表现形式，直接性强，是宣传、美化、推销商品的较好手段。只需要运用喷绘、水彩画、素描、水粉画、蜡笔画、丙烯画等表现方式，根据包装产品的特点进行设计与创作。绘画手法表现在商品包装上同纯绘画作品不一样，它能体现出商业的味道；也不同于摄影，它更有取舍、提炼和概括的自由。此外，计算机绘画软件也为插画创作提供新的表现手法。

（1）素描法：用铅笔、钢笔、炭笔等进行单色描绘，图形表现简单、纯洁、朴实，具有较强的艺术感染力，形式清新淡雅。

（2）水彩法：用透明的水彩进行创作，色彩透明而富于变化，图形给人一种轻松、恬淡、自然之感。

（3）水粉、丙烯画法：水粉色是常用的绘画色彩，有较强的塑造力和表现力，通常用于表现风景、人物等。丙烯是一种水调剂颜料，它的特点是防水性强、使用方便、塑造力强，可以使作品有水彩或油彩的效果，它比油彩用起来更方便，所以受到很多设计师的喜爱。

（4）蜡笔、彩色铅笔、色粉笔画法：都属于硬笔类的绘画。蜡笔的表现，笔触粗犷、活泼、自由，利用水与蜡不相溶的特点，可以绘制绚丽的色彩效果，用它表现具有童趣的题材，画面更显生动和可爱。彩色铅笔给人年轻、天真烂漫的感觉，用来表现针对青少年和年轻女性的产品有不错的效果。水溶性水彩铅笔有水彩画的效果，是硬笔和毛笔的完美结合。色粉笔也是一种极具表现力的工具，适合表现一些家用产品的效果图，善于处理一些物体的背景和表面肌理。

（5）马克笔画法：马克笔可以快速准确地表现商品形象，线条生动、洒脱、轻松自如。

（6）版画法：利用雕刻刀在木板或胶版上刻画，然后涂以油墨印在纸张上，其风格粗犷、奔放，有很强的肌理感，运用这种手法来表现具有悠久历史的商品，可使包装更具有传统特色和可靠性。

随着科学技术的不断发展，利用计算机软件进行绘画越来越成熟，对各种绘画工具的模仿，几乎可以达到乱真的效果，以前惯用的使用气泵和喷笔进行精心描绘的喷绘画法已经完全由计算机代替，计算机绘画的发展为现代产品包装设计提供了新的天地和新的图形语言。

3）传统文化的表现

（1）中国画元素的表现：中国画历史悠久、题材丰富、内涵深邃。将传统的、感性的水墨画技法和理性的现代产品造型原理相结合，从画法结构中抽离出对设计有用的因素，赋予其新的内涵，构成新的视觉效果，创造神奇空灵的视觉意境，设计出既符合现代包装设计要求，又具有产品亲和力与审美性的视觉传达设计。

（2）书法图形：书法洒脱的笔触给人行云流水般的韵律美感，因此它也是一种优美的图形，以书法为设计元素，适合产品特质的包装设计，是现代设计不可缺少的视觉语言。

（3）金石图形：以金石印章为题材元素的现代设计图形，包括古文、篆体、隶书、行书、楷书等，题材有动物、植物、山水、人物等。2008年北京奥运会标志就是金石图形运用的成功典范。金石图形不仅使传统艺术得到再生和延展，而且使现代设计充满中国的本土特色文化，具有中华民族丰厚的艺术底蕴，深受国人的喜爱。金石艺术作为一种新的视觉元素，对现代包装设计起着积极的丰富作用。

（4）民间艺术图形：资源丰富，题材广泛，是广大劳动人民在长期劳动、生产、生活中形成的喜闻乐见的艺术形式，贴近普通群众的民间艺术，图形淳朴、原始、浑厚，特别适合表现带有国家特色和地方民族特色的产品包装，以及喜庆产品的包装设计。

3. 图形的选用方法

1）图形的联想选用法

产品包装设计是一个有目的性的视觉创造计划和审美创造活动，是科学、经济和艺术有机统一的创造性活动，其造型结构、图、文、色要反映出商品的特性。联想选用法紧紧围绕产品，选用与产品功能、产品品牌、产地以及地域的历史文化相关的图形，在包装上直接表现产品、销售环境及其相关形象，给消费者以直接的视觉冲击和充分的想象空间，具有说服力，如图 8-16 至图 8-18 所示。食品包装设计中这种方法很常见，如橙汁应让消费者感觉到酸甜的味道，面条给人香喷喷的感觉，酸奶令消费者一眼就能分辨不同的口味。

图 8-17 所示为德国广告公司 Jung von Matt 的一个有趣创意，打开嗓子的润喉糖，糖纸上印着 Q 版的各种流派的歌手照，撕开糖纸，就好像解开了绑住他们喉咙的枷锁，自然是爽得想唱就唱了。

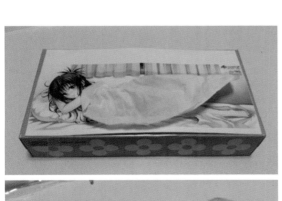

图 8-16　纸巾包装设计　　　　　　　　　图 8-17　润喉糖包装设计

图 8-18　40 张极具创意的手提袋、购物袋设计欣赏

2）图形的位移选用法

位移的方法不考虑产品与包装的直接关联性，重点突出其品牌形象，构图和色彩不同于常规模式，讲究出奇出新，这类包装设计建立在消费者对产品品牌的了解和信任的基础上，对产品的特质有充分的认识，产品包装设计简洁、品位高，有提升产品档次和身份的功能，选用位移方法的产品通常拥有完善、成功的企业形象系统，品牌成熟，拥有比较固定的消费群体。

3）抽象图形法

有些产品无法用具体的图形、图像来描绘，设计师需要融合产品的形象、色彩、功能，借助抽象的图形设计来展示产品形象，注重形式美的表现，同时不失现代感。电子信息类产品、家电类产品和一些液态非食用产品经常会采用这种方法。

4）童趣图形法

儿童商品对包装的艺术气氛的渲染有特定要求，在色彩和图形上应该满足孩子的心理需求。可爱的涂鸦、优美的动画、卡通图形给小朋友极大的乐趣，同时还可以融入科学、人文知识，使包装具有教育的作用，这样的包装一定会受到家长和孩子的欢迎。

四、包装的文字设计　　　　　　　　　　　　　　FOUR

1. 包装的文字类型

1）品牌文字

品牌文字包括品牌名称、商品品名、企业标志、企业名称。

品牌文字的设计要符合产品内在特点，易于识别，有感染力。

品牌文字要安排在主展示面上，同时在其他展示面上位置要醒目，使之能在较短时间内让消费者产生深刻记忆，如图8-19所示。

图8-19　咸鸭蛋包装

2）说明文字

说明文字包括生产厂家名称、地址、电话，产品成分、型号、规格、用法、用途、功效、生产日期、保质期、注意事项等，如图8-20所示。

说明文字的设计一般使用常规字体，字体大小要考虑大量文字信息的可读性。

说明文字主要安排在包装的侧面或背面，或者印成专门的说明文字附于包装盒内。

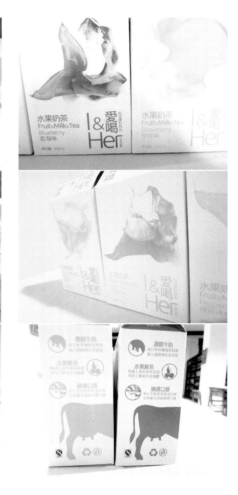

图 8-20   包装设计作品

图 8-21   包装效果图

3）广告文字

广告文字是以宣传商品特色为目的的促销口号、广告语。

广告文字在字体设计上要具有独特、鲜明的个性并具有视觉冲击力，从而吸引消费者兴趣并使其产生购买欲望。

广告文字一般编排在主展示面上，但视觉强度不能强过品牌文字，如图 8-21 所示。

2. 包装设计中文字的设计原则

文字是包装中重要的视觉元素，是构成视觉感染力的重要因素。在商品包装中，文字的设计首先要遵循包装设计总的原则，其次应根据商品的具体要求遵循一定的设计原则，最终创作出适合商品的合理而有效的设计方案。

五、包装的编排设计   FIVE

1. 包装版面编排的原则

1）在几步之外仍清晰可读

在进行版式设计时要设想在 2～3 m 的卖场货架过道中，如何清晰、明确地将产品信息传递给消费者，帮助消费者选择所需要的商品。

2）与该三维立体结构的大小形状相配合

包装是三维的、立体的，因此版式设计要充分考虑不同展示所在的空间位置、形状、大小、相邻展示面之间的色彩与版式关系，甚至要考虑同类竞争、销售环境、货架位置等诸多要素。

3）信息设计与精确传达，令各阶层观众均可理解

人们的视觉认知不是被动接受客观事物的刺激，而是在客观刺激和人的主观心理因素相互作用下进行的，因此对版式的设计应使消费者对该商品的理解控制在相对的范围内，不应产生不相关的联想。

2. 设计要素的编排

包装的平面信息编排设计遵循的仍然是平衡、对称、节奏、韵律、对比、和谐等形式美法则。平衡是编排信息元素过程中最基础的手段，通常是采用对称或不对称达到视觉平衡，但是过于追求平衡却会因失去生动性而显得循规蹈矩。因此，可以在平衡中通过对元素大小、明暗、分量、空白、位置、质感、色彩等进行细微变动，以增强作品生动性。如加大视觉反差、尝试寻求不平衡、在平静中制造矛盾等，这些都是行之有效的追求平衡的方法。节奏和韵律的产生可以通过元素间大小的特殊变化、相同元素的位置重复、特殊文字词组律动感的设置、文本框的形状、文本框的动感倾向、色彩的冷暖与浓淡、具有指示意义的抽象符号的变化和统一等方法实现，从而追求视觉与心理空间的节奏感和韵律感，达到消息编排设计效果的极致。

在此基础上，包装设计中的版面设计编排还必须注意以下几个方面。

1）为版式的个性进行定义

版面式样必须能够彰显出包装设计的个性特色。视觉画面的个性特征就是消费者对某一包装设计的感知方式和内容。调研、实验、恰当的文字格式选择（字体、大小和笔画粗细）和明确的视觉传达战略可为此奠定基础。

2）限定字体种类

到底需要多少种字体来传达一个设计概念，对此要进行审慎考虑。对于包装设计中的主要展示版面来说，通常最多采用三种字体。有时候由于所需文本的数量太多，很难对字体种类加以限制。在这种情况下就最好采用那些在同一字体家族内有很多种风格的字体，这样就能使外观保持清爽一致，使传达的信息始终具有统一感。

3）创建版面层次

版面层次，即视觉信息的布置安排，提供了如何按照重要性程度依次阅读信息的框架。消费者就是这样在匆匆一瞥间明白了他们能从一件包装设计中"得到"什么。根据重要性程度排列各种版面元素，然后运用设计基础原则，例如定位布置、排列方式、相互关系、比例尺寸、对比和色彩等考虑因素，就能创造出符合视觉传达目标的版面层次。

将相关条目归集到一处，同时增大不相关条目间的距离，通过这种方式就能创造出层次效果。汇聚在一起时，若干单词就会在传达信息时被视为一个整体单位。一件包装设计上的版面安排均要有的放矢，字体选择和版面布局应该与设计概念相协调。各种版面元素的位置安排要考虑到它们的相互关系。

4）确定文字对齐方式

对齐方式决定了版面布局的整体结构。包括设计上每个字的排列方式都要经过精心考虑，因为居中、左对齐、右对齐或两端对齐的文字排列会导致完全不同的传达效果。包装结构的形状决定了版面布局的组织方式和最恰当的对齐方式。

5）变化版式缩放比例

在版面设计中，成比例缩放通常是指文字尺寸的放大或缩小。在包装设计的版面排列中则是指各版面元素相互间的大小关系。例如，品牌标志（品牌的名称、标志等）通常在比例尺寸上大于产品描述（或花色品种说明）。一件包装的前面板或主要展示版面内的所有文本都必须按比例缩放到一定尺寸，以便人们在一段较短的距离之外

仍能清晰阅读——这段距离就是零售环境中消费者与货架上包装之间的距离。版式缩放比例应该始终与其他设计元素以及包装的整体大小相配合。缩放比例关系到重点在何处，在设置定位和对齐方式时同时要考虑缩放比例。

6）创建可专有的设计

品牌名称和产品名称是与消费者从思想上和情感上建立联系的对象，所以其字体、版式应该是该品牌独家所有和"可专有"的。无论是变更单个字符还是修改整套字体，目标就是设计出一种可让人轻松联想到某种特定产品或某个特别品牌的字体。对包装上的字体风格、字体形式、符号、版面布局进行大胆尝试就是设计工作中的一个重要部分。通过这些尝试，设计师们才能够创造出更多独特的设计方案。在呈现同等重要但又差异很大的数个文字或者数行文本时，可采用对比强烈的字体。字体式样的鲜明反差——细画对粗体、斜体对正体、衬线对无衬线，可使设计师从消费者的角度组织信息并为布局增添情趣，为了使字体对比的效果明显，两个词组或者两组文字必须看上去明显不同，且让人感觉出这种差异是设计师们可以创造出来的，如果创造出的对比效果不易被人发觉，那么这种对比也就毫无意义。

7）保持协调一致

在个性、风格、布置和层次等方面保持字体使用的一致性，这样才能使一个品牌产品或者一系列产品体现出整体感，进而在货架上占据显赫地位。此外，保持字体使用的一致性还会有助于建立品牌资产，因为消费者会逐渐把这种字体风格与这种品牌联系在一起。

8）精细修饰以求版面的卓越效果

精细修饰是指为了使字体版式取得完美效果而对版面进行审查和修改的过程。要改进一个品牌图标使其臻于完美，可能会耗费大量时间。版面的修饰直接影响着最终成果的质量水平。如果字体颇具表现力，能够对整个包装设计产生正面影响，进而吸引消费者并促成交易，那么这种字体版式就达到了理想的效果。

由于每位设计师感知各种视觉元素的背景各不相同，所以非常重要的一点就是不要让设计师的个人喜好影响其版面设计，尽管有些设计师相信设计中的创造来自于直觉感悟，但是专业设计工作不应由"我知道这么做就行"等想法来决定。设计师应该能够对设计过程以及版面设计方案做出解释，包装设计作品最终必须能够独立于设计师的主观感受之外。

六、包装装潢的设计形式 SIX

1. 单件包装设计和成套包装设计

1）单件包装设计

单件包装也称基本包装，是为商品零售最小单位设计的包装，指与产品直接接触的包装。罐装饮料包装、瓶装酒包装占单件包装中很大的比重。

单件包装的信息传达难度要高于组合包装，因此单件包装在视觉要素设计上要具有冲击力，色彩要鲜明，构图要简洁，形态不拘一格，材料创新，如图8-22所示。

2）成套包装设计

成套包装设计的对象必须是一起生产、一起陈列、一起销售的产品，如图8-23和图8-24所示。成套设计的包装要协调统一。有的包装设计必须将几个单件包装拼在一起，此时图形及纹样才完整，这是成套设计常使用的手法。

2. 系列包装设计和组合包装设计

1）系列包装设计

系列包装是指一个企业或品牌的不同种类产品，用一种共性包装特征来统一。系列包装既有助于形成企业品

图 8-22 花朵包装设计

图 8-23 叶敏作品

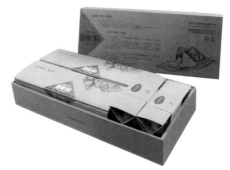

图 8-24 粽子包装——杭州朴上寸村
文化艺术有限公司展厅作品

牌形象又可以扩大销售。系列包装要使种类繁多的商品既有多样的变化美，又要有统一的整体美。

2）组合包装设计

组合包装设计往往是指把几种不成套或不同种类的商品有机组合，如将饮料和杯子组合销售，如图 8-25 和图 8-26 所示。

图 8-25 咖啡包装   图 8-26 柠檬汁软饮料包装设计

 小结

包装设计中视觉要素的设计是字体设计、图形设计、色彩设计及版式设计综合能力的体现，是设计师审美能力和美学修养的体现。

 实训项目

任选一类商品，完成一套不少于六件的系列化包装设计。

项目九
设计方案表现与陈述............

BAOZHUANG
SHEJI
YUSHIXUN

◀ ◀ ◀ ◀

◀ ◀ ◀ ◀

设计方案表现与陈述

　　通过对包装设计方案表现与陈述的讲解，使读者了解和认识设计方案的表现在整个包装设计过程的作用，掌握设计方案表现的基本方法，能够根据不同项目要求完成设计方案，并得到客户的认可。

　　在掌握基本表现方法的基础上灵活创新适合各种不同设计方案的表现方法，使设计作品得到最大限度的展示。

　　1. 了解包装效果图知识；
　　2. 知道包装平面展开图的基本规定；
　　3. 知道技术文件编制的方法与要点。

　　1. 搜集相关资料的能力；
　　2. 与设计团队沟通、协调的能力。

一、包装效果表现　　　　　　　　　　　　　ONE

1. 效果图概述
　　效果图是作品设计稿完成后未制成设计成品前通过图像处理软件模拟的产品的高仿真图片，以便更直观地展示设计效果。

2. 效果图表现技巧
　　在设计过程的不同阶段，效果图的表现方式是不同的。在最初的构思阶段，应以手绘的方式直接快速地表现出包装的结构面和面上的大致画面。在设计结束的阶段，效果图应用 Photoshop、CorelDRAW 等平面软件制作高仿真图片，以便直观地观察设计效果，如图 9-1 所示。当然，效果图的表现可以根据设计阶段的不同，为更准确地表达信息，采取灵活的方式进行。

二、平面展开图绘制　　　　　　　　　　　　TWO

1. 平面展开图的技术要求
　　平面展开图的技术要求体现在：平面展开图尺寸与立体结构图尺寸正确对应、满足图片的精度要求、做好出血等。

2. 平面展开图的特点
　　平面展开图中至少有一个"面"会用比其他版面更显著的方式来呈现商品最重要的信息，这个就是平面展开图的主展示面，主展示面的设计会占据整个设计项目较多的时间，一旦主展示面确定下来，其他版面就可以很快完成。

3. 平面展开图的基本规定
　　平面展开图里应含有的商品信息有品牌信息、品种信息和卖点信息等。

图 9-1　用平面软件制作的效果图（邓溙遛洋狗包装改良设计）

4. 平面展开图的画法

平面展开图一般在平面软件中绘制完成，在绘制前标注好平面展开图各边尺寸及出血线，由轮廓开始然后绘制每个面上的内容，这样由大面到小细节一步步绘制完成。

三、技术文件编制与方案陈述　　　　　　　　　　　　THREE

1. 技术文件编制的方法与要点

效果图通过校审以后，要根据校审的意见对设计方案进行修改，对文字内容进行校正和少量的细节调整。设计师在编制技术文件时要特别注意文件尺寸（含出血尺寸）、分辨率、文件格式等几个方面。

2. 设计方案陈述

设计方案陈述实际上就是对包装项目进行一个总结性的设计说明。需要陈述产品设计创意，解释说明效果图，如工艺、制作方法等，预期可以达到一个怎么样的效果等。

 小结

理解设计方案展示的作用，能熟练运用 Photoshop、CorelDRAW 等平面软件制作效果展示图，达到展示的目的。

 知识拓展

设计图样的审核程序：

设计图样的审核实行三级审核制，即完成的设计图样经设计部、设计公司、客户签字确认为准，签字确认后才能交制作商制作。

 技能拓展

1. 谈图样设计的步骤

首先让客户明确图样的主题和图样辅助标志，然后向客户介绍包装各个面的分布，这一步是让客户认识包装结构，最后再向客户介绍分布在各个面的设计内容，这样由大到小的顺序进行。

2. 包装设计图样打印线设定

根据包装图样绘制国家标准，包装的平面展开图中需要有裁切线（制图时制成单实线印制）、折叠线（绘制成单虚线印制）。

 思考题

1. 包装效果表现的形式有哪些？
2. 包装效果图有哪些技术要求？
3. 包装平面图有哪些基本规定？
4. 如何对技术文件进行编码？
5. 怎样才能完整地陈述设计方案？

 实训项目

1. 应用 Photoshop、CorelDRAW 等平面软件完成实训项目设计方案的表现。
2. 模拟方案陈述场景进行设计方案汇报。

项目十
包装的印刷与工艺....................

BAOZHUANG
SHEJI
YUSHIXUN

██ 任务名称 █
包装印刷与工艺

██ 任务概述 █

通过对包装印刷与工艺的讲解，使读者了解和认识包装设计方案在印刷前最后要确认的诸多环节、掌握包装设计在印刷过程中的工艺及流程要求、了解包装设计方案验收的标准，能够完成包装设计方案的印刷与生产。

██ 能力目标 █

1. 能够对包装设计方案做印刷前的标准设置；
2. 能够按照印刷工艺流程完成包装设计方案的印刷；
3. 能够按照客户的要求完成包装设计方案后期加工工艺。

██ 知识目标 █

1. 知道包装设计方案印前设置标准；
2. 了解包装设计方案印刷工艺流程；
3. 了解包装设计方案印刷方式；
4. 了解包装设计方案后期加工工艺。

██ 素质目标 █

1. 自学和提升的能力；
2. 团队协作的能力；
3. 与人沟通的能力。

一、印前准备 ONE

从创意到草图设计，从草图筛选到定稿的所有程序，一旦包装的设计方案确定，就可以进入后期的制作阶段。针对不同的材料和不同的工艺，就要采用不同的工艺制作手段。

1. 设计电子文件

电子设计稿是产品包装印刷元素资料的综合设计，包括图片、文字、色彩等。设计稿由原来手绘黑白稿发展到现在计算机辅助设计稿，将所有视觉元素转化为数字化后，包装设计越来越直观，并且大大缩短了设计的周期。

1) 分辨率

分辨率是指单位长度内包含的像素点的数量，它的单位通常为像素／英寸。图 10-1 所示为高、低分辨率对比图片。

图 10-1　高、低分辨率对比图片

以分辨率为 1024×768 的屏幕来说，即每一条水平线上包含有 1024 个像素，共有 768 条线，即扫描列数为 1024 列，行数为 768 行。屏幕分辨率不仅与显示尺寸有关，还受显像管点距、视频带宽等因素的影响。分辨率的种类有很多，其含义也各不相同，应正确理解分辨率在各种情况下的具体含义，因此，设计师要根据印刷条件，使用恰当的分辨率。分辨率决定了位图图像细节的精细程度。

通常情况下 300 dpi 的图形文件已经可以满足大部分印刷制版需求（见图 10-2），品质要求特别高的话，可以使用 350 dpi 的图形文件。过低的分辨率，会降低印刷品的品质，但是过高的分辨率，由于印刷设备的精度限制而得不到实现，反而使文件增大、降低设计的效率，并可能因为制版网纹过高而降低印刷品质。

2）色彩输出模式

在使用计算机软件进行辅助包装设计时，图像如果在印刷纸上打印或印刷，最好用 CMYK 色彩模式。这个模式是计算机根据印刷色的特性，用色光方式模拟印刷色效果而显示出来的。它是由青色（C）、品红色（M）、黄色（Y）和黑色（K）组成的，如图 10-3 所示。在实际引用中，青色、品红色和黄色很难叠加形成真正的黑色，因此才引入了 K——黑色。黑色的作用是强化暗调，加深暗部色彩。

在 CMYK 色彩模式中，颜色值是以百分数计算的，因此一个值为 100 的油墨说明它具有全饱和度。如果使用非 CMYK 模式设计，很容易造成印刷色彩严重失真。在设计过程中尽量减少不同色彩模式间的转换次数，否则造成色彩的严重衰减。

图 10-2　设置分辨率及色彩模式

图 10-3　CMYK 色彩模式

3）专色设置

专色是指在印刷设计时，不是通过印刷 C、M、Y、K 四色合成的这种颜色，而是专门用一种特定的油墨来印刷的颜色。专色油墨是由印刷厂预先混合好或油墨厂生产的。在设计进行印前制作时，需要制作拆色稿，向制版印刷公司表明各专色版。拆色过程通常是先将设计稿中的专色进行套色数归纳，同一种专色作为一套色，每套色单独作为一个印版页面。制作时考虑成本因素和印刷工序，在保证成品效果的前提下，尽量精简套色数以降低印刷成本。

专色油墨四个特点如下。

①准确性——每一种套色都有其本身固定的色相，所以它能够保证印刷中颜色的准确性，从而在很大程度上解决了颜色传递准确性的问题。

②实地性——专色一般用实地色定义颜色，而无论这种颜色有多浅。当然，也可以给专色加网，以呈现专色

的任意深浅色调。

③不透明性——专色油墨是一种覆盖性质的油墨，它是不透明的，可以进行实地的覆盖。

④表现色域宽——套色色库中的颜色色域很宽，超过了 RGB 的表现色域，更不用说 CMYK 颜色空间了，所以，有很大一部分颜色是用 CMYK 四色印刷油墨无法呈现的。

4）模切板制作

模切压痕工艺是利用钢刀、钢线等排成的模板，在压力的作用下，将印刷品压切成形的工艺。其加工效果是使印刷品表面既有变形（压痕），又有裂变（模切）。

模切板（见图 10-4）的制作又称排刀，是将钢刀、钢线、衬空材料等按照规定的要求，拼组成模切板的工艺操作过程。

模切板制作的一般过程如下：绘制模切板轮廓图→切割底板→钢刀、钢线裁切成形→组合拼版→开连接点→粘贴海绵胶条→试切垫板→制作压痕底模板→试模切、签样。

5）出血的设置

印刷品在裁切的时候裁掉的部分就称为出血，一般的出血设置为 3 mm，如图 10-5 所示。印刷出血的设置是根据印刷品的厚度定的，例如普通海报、样本等可以留 2 ～ 3 mm 出血。产品包装箱就要适当调整出血尺寸，如 3 层瓦楞箱，出血至少要留 4 ～ 5 mm，5 层瓦楞箱就要留 8 ～ 10 mm 的出血，因为考虑到板材比较厚，折痕时会露出出血以外的颜色，这样产品就不美观了。

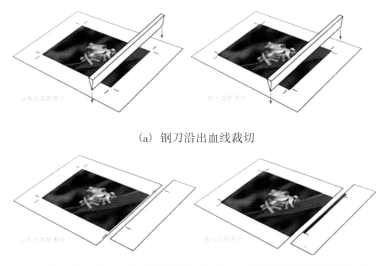

（a）钢刀沿出血线裁切

（b）由于钢刀裁切时的精度问题，没有出血的图片很可能留下飞白

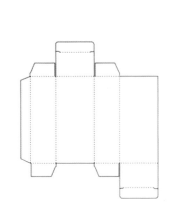

图 10-4　模切板

图 10-5　出血示意图

6）套准线设置

当设计稿需要两色或两色以上的印刷时，就需要制作套准线，套准线通常安排在版面外的四角，呈十字形或丁字形，是为了印刷时套印准确。所以为了做到准确，每一个印版，包括模切都必须套准叠印在一起，以保障印刷质量。

7）条形码的制版与印刷

商品条码化使商品的发货、进货、库存和销售等物流环节的工作效率大幅度提高。条形码必须做到扫描器能正确识读，对制版与印刷提出了较高的要求。条码制版与印刷应注意的问题主要有以下一些。

①制版时条码印刷尺寸在包装面积大小允许的情况下，应选用条码标准尺寸 37.29 mm × 26.26 mm，缩放比例为 0.8 ～ 2.0 倍。

②不得随意改变条码的高度，对于一些产品包装面积较小的特殊情况，允许适当截短条码的高度，但要求剩余高度不低于原高度的 2／3。

③条码上数字的字体和条码印刷位置按国家标准的规定设计。

④印刷时底色通常采用白色或浅色，线条采用黑色或深色，底色与线条反差密度值大于 0.5。条码的反射率越低越好，空白的反射率越高越好。

⑤注意条码的印刷适性。

⑥要求印条码的纸张纤维方向与条码方向一致，以减小条、空的变化。

2. 对应纸张开数

所谓开数就是一张全张纸上排印多少版或裁切多少块纸。一张全张纸称全开。例如 8 开的纸就是全开的 1/8 大（对切三次）。设计前要先选定纸张尺寸，因为印刷的机器只能使用少数几种纸张，一次印完后再用机器切成所需大小，所以最好选用图 10–6 所列规格，以免纸张印不满而浪费版面。

由于机器要抓纸、走纸的缘故，所以纸张的边缘是不能印刷的，因此纸张的原尺寸会比实际规格要大，等到印完再把边缘空白的部分切掉，所以才会有全尺寸跟裁切后尺寸的差别。如果海报故意要留下白边的话也可以选择不切。

开纸定律：客户印刷规格长、宽尺寸，用大度和正度纸尺寸除以客户规格长、宽尺寸两次，选最多的积数，就是开数。

例 1：客户成品规格是 23 cm×20 cm，是大度、正度多少开数？

用 80 克纸应选正度纸还是大度纸呢？

119.4÷23=5 刀（20 开）　　109.2÷23=4 刀（20 开）

119.4÷20=5 刀（15 开）　　109.2÷20=5 刀（15 开）

88.9÷23=3 刀（15 开）　　78.7÷23=3 刀（15 开）

88.9÷20=4 刀（20 开）　　78.8÷20=3 刀（20 开）

大度纸：0.03 元／张，正度纸：0.0327 元／张，应选用大度纸作印刷纸张。

常用的纸张有 A、B 系列的幅面。A 系列幅面为 1000 mm×1400 mm，B 系列幅面为 1200 mm×1600 mm。

拿 A 系列的纸张来说：A0 是全开的，A1 是对开的，A2 是四开的，依次类推。

所谓 A4 的纸张就是 A 系列幅面的纸张的 1/16 大小。

A 系列开度是国际标准开度，如：A0 是全张纸，它正 16 开的结果是 A4（210 mm×297 mm）。

我国国内常用纸开度，如 787 mm×1092 mm 是全张纸，它的 16 开是 185 mm×260 mm；889 mm×1194 mm 是大全张纸，它的（大）16 开是 210 mm×285 mm。

开本按照尺寸的大小，通常分三种类型：大型开本、中型开本和小型开本。以 787 mm×1092 mm 的纸来说，12 开以上为大型开本，16～36 开为中型开本，40 开以下为小型开本，但以文字为主的书籍一般为中型开本。开本形状除 6 开、12 开、20 开、24 开、40 开近似正方形外，其余均为比例不等的长方形，分别适用于性质和用途不同的各类书籍。

1）纸的单位

①克：一平方米纸的质量单位。

②令：500 张纸为 1 令（出厂规格）。

③吨：与平常单位一样 1 吨 =1000 千克，用于算纸价。

常见纸张开切和图书开本尺寸（单位：毫米）

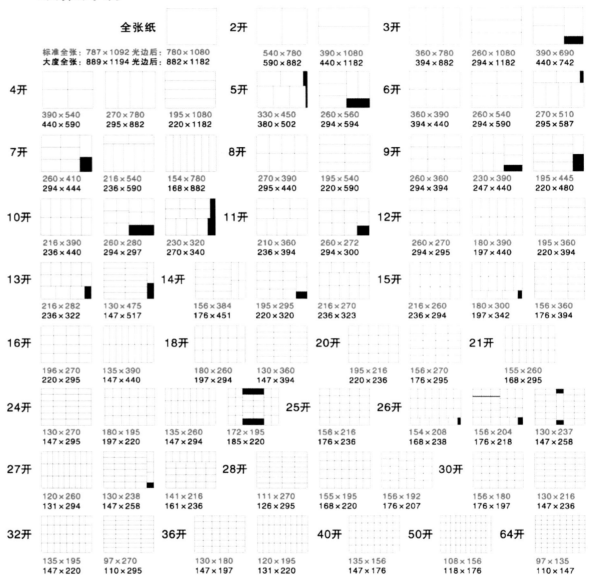

图 10-6 纸张开数示意图

2）纸的规格及名称

①纸最常见有四种规格。

正度纸：长 109.2 cm，宽 78.7 cm。

大度纸：长 119.4 cm，宽 88.9 cm。

不干胶：长 765 cm，宽 535 cm。

无碳纸：有正度和大度的规格，但有上纸、中纸、下纸之分，纸价不同（见纸价分类）。

②纸张最常见的名称。

拷贝纸：17 g 正度规格用于增值税票、礼品内包装，一般是纯白色。

打字纸：28 g 正度规格用于联单、表格，有七种颜色，分别为白、红、黄、蓝、绿、淡绿、紫色。

有光纸：35 ~ 40 g 正度规格一面有光，用于联单、表格、便笺，为低档印刷纸张。

书写纸：50 ~ 100 g 大度、正度均有，用于低档印刷品，以国产纸最多。

双胶纸：60 ~ 180 g 大度、正度均有，用于中档印刷品。

新闻纸：55 ~ 60 g 滚筒纸、正度纸、报纸选用。

无碳纸：40 ~ 150 g 大度、正度均有，有直接复写功能，分上、中、下纸，上中下纸不能调换或翻用，纸价不同，有七种颜色，常用于联单、表格。

铜版纸：包括双铜版纸（80 ~ 400 g 正度、大度均有，用于高档印刷品）和单铜版纸（用于中、高档印刷品）。

亚粉纸：105 ~ 400 g，用于雅观、高档彩印。

灰底白板纸：200 g 以上，上白底灰，用于包装类。

白卡纸：200 g，双面白，用于中档包装类。

牛皮纸：60 ~ 200 g，用于包装、纸箱、文件袋、档案袋、信封。

3. 电分扫描与图像输出

电子分色技术可以通过分色仪器把颜色分离出来变成单色的灰度色彩，然后使用电子计算机对这些色彩信息进行处理，完成对图像的彩色校正、层次校正、黑版计算、底色去除和细微层次强调、比例变换主网点计算等的加工，从而得到色彩还原准确、层次丰富、暗调再现好、高调不损失、图像清晰度高的电子图像。用经过这些步骤处理后的图像文件制版能够得到高质量的印刷品。

电分机与扫描仪的区别如下。

①扫描仪：采用光电耦合器技术（CCD）完成光电信号的转换；逐行扫描；对图像暗部细节的响应较差，清晰度差，给人笼罩着一层雾的感觉；输出信号为 RGB，不能直接用于印刷。

②电分机：采用光电倍增管技术（PMT）完成光电信号的转换；逐点扫描；对图像无论是高光还是暗调部分细节具有较好的响应，清晰度高；输出信号为 CMYK，可直接用于印刷。

4. 色彩校对与文字检查

色彩校对具有两个作用，一个是以制版、印刷工艺中内部生产管理为目的的，一个是作为印刷样品给委印人校对的。打样方法很多，可根据目的与要求选用。作为印刷样品的，其质量应该近似于印刷方法得到的印品，一般采用印刷法打样，而为内部生产管理用的打样，可采用照相法、CRT 法等方法中的一种。

文字校对随工序的进行分为两种：校对原版、校对开印样。

在进行上述两种校对时，检查项目有如下一些。

①必要材料的准备，包括付印样、任务书、作业通知书、书帖、原稿等。

②印刷方面的内容，包括装订式样、加工尺寸、制版尺寸、加工线（如裁切纸）、页码（字体及位置）。

③核红是指在一批清样中，尚有几张还有个别错误，需在改正后另打清样同红样加以校核和补签。核红内容包括红字的内容、文字、字体、大小、位置等。

④照版，插图、图版方面，包括位置、方向、分色、规定印刷颜色等。

⑤在印刷、装订中必要的内容，包括帖码、折标、色标、扫描记号、梯尺、十字线等。

⑥封面的校对，包括书名、作者署名、出版者名称、书号、定价、出版年月等；若为期刊则包括期刊名、期刊号等。

⑦广告的校对，包括公司名、商品名、商标、价格等。

5. 文件拼版

拼版的过程是将一些做好的单版，组排成为一个印刷版的过程。

常用的拼版方式有以下四种。

1）单面式

这种方式是指那些只需要印刷一个面的印刷品，如海报等，见图10-7。

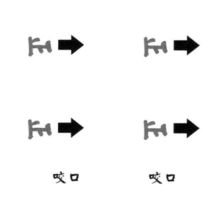

咬口　　　　咬口

图 10-7　单面式拼版示意图

2）双面式

双面式俗称"底面版"、"正反版"，指正反两面都需要进行印刷的印刷品，如一些小宣传单、小幅海报、卡片、书籍内页等，见图10-8。

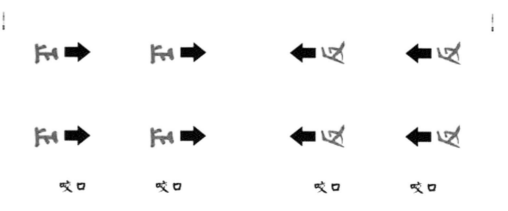

咬口　　　　咬口　　　　　　　咬口　　　　咬口

图 10-8　双面式拼版示意图

3）横转式

俗称"自翻版"、"就版翻面"、"轮转翻"，适用于书刊类的印刷品，比如有一本 16 开的杂志封面，分有封面、封底、封二、封三等四个版面需要进行印刷，在拼版时将封面和封二、封底和封三横向头对头地拼在一个四开的版面上进行印刷，这一面印刷完成后，将纸张横转 180°，用反面继续印刷，完成之后，将印刷品从中间切开，就可以得到两件完全一样的印刷品，如图 10-9 和图 10-10 所示。

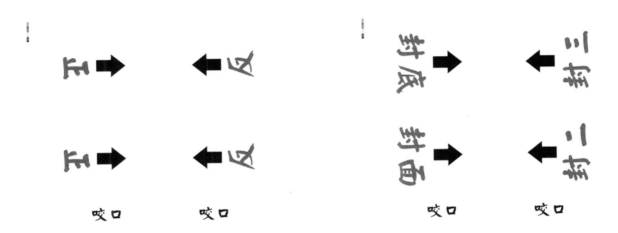

图 10-9 横转式拼版示意图 1   图 10-10 横转式拼版示意图 2

4）翻转式

使用同一个印刷版在纸张的一面印刷之后，再将纸张翻转印刷背面，但以纸张的另一长边作为"咬口边"。这种方法俗称"打翻斗"、"天地轮"，见图 10-11。

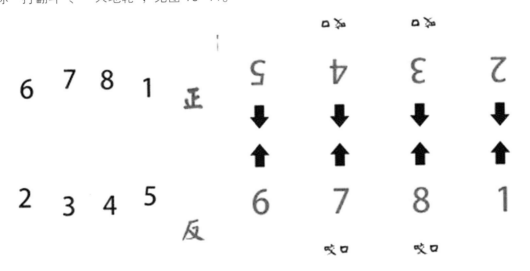

图 10-11 翻转式拼版示意图

上下翻应考虑的问题如下：一般胶印机的咬口尺寸为 1 cm，所以左右翻能保证印刷成品大小正常，而上下自翻版因为需占用两边共 2 cm 咬口，所以成品规格要小一些，这是在设计制作时必须要注意的。

6.菲林输出

菲林输出是一个类似于照相的曝光过程，它先把图文经过 RIP 处理成点阵图像（即由网点组成图文），再将其转化为支配激光的信号，利用激光相对菲林的纵向和横向移动，将激光点（即网点）打（射）到菲林相应的位置上，使菲林相应部位曝光，再通过显影机的显定影过程，把未曝光部分冲洗掉，就在菲林上形成了点阵图像，见图 10-12。

图 10-12 输出菲林

7. 制版

制版是将原稿复制成印版的统称。有将铅活字排成活字版，以及用活字版打成纸型现浇铸成复制凸版和将图像经照相或电子分色获得底片，用底片晒制凸版、平版、凹版等一系列的制版方法。

二、印刷工艺流程　　　　　　　　　　TWO

1. 设计稿

电子设计稿是产品包装印刷元素资料的综合设计，包括图片、文字、图表等。

2. 输出胶片

就印刷设计而言，彩样一旦被认可，下一步便是要输出胶片制版印刷了。这时要用到的是激光照排，它可以通过 DPI（光栅处理器）直接将计算机送来的文件输出，生成 C、M、Y、K 四张分色片，分色片就能直接在印刷厂晒版印刷了。

3. 打样

晒版后的印版在打样机上进行少量试印，以此作为与设计原稿进行比对、校对及对印刷工艺进行调整的依据和参照。

4. 制版

制版方式有凸版、平版、凹版、丝网版等，但基本上都是采用晒版和腐蚀的原理进行制版。现代平版印刷是通过分色成软片，然后晒到 PS 版上进行拼版印刷的。

5. 印刷

根据合乎要求的开度，使用相应印刷设备进行大批量生产。

6. 加工成形

对印刷成品进行压凸、烫金（银）、上光过塑、打孔、模切、除废、折叠、黏合、成形等后期工艺加工。

三、印刷方式　　　　　　　　　　　THREE

1. 印刷要素

1）印刷机械

印刷机械是印刷机、装订机、制版机等机械设备和其他辅助机械设备的统称。

现代印刷机一般由装版、涂墨、压印、输纸等机构组成。它在工作时先将要印刷的文字和图像制成印版，装在印刷机上，然后由人工或印刷机把墨涂敷于印版上有文字和图像的地方，再直接或间接地转印到纸或其他承印物上，从而复制出与印版相同的印刷品，如图10-13所示。

　2）印版

印版，其表面处理成一部分可转移印刷油墨，另一部分不转移印刷油墨的印刷版。国家标准的解释为："为复制图文，用于把呈色剂/色料（如油墨）转移至承印物上的模拟图像载体。"印版的功能就是印刷复制原稿图文信息，如图10-14所示。

图10-13　印刷图片

图10-14　印版

　3）油墨

油墨（见图10-15）是用于包装材料印刷的重要材料，它通过印刷将图案、文字表现在承印物上。油墨中包括主要成分和辅助成分，它们均匀地混合并经反复轧制而成一种黏性胶状流体，用于书刊、包装装潢、建筑装饰等各种印刷。

　4）承印物

承印物是指能接受油墨或吸附色料并呈现图文的各种物质。

承印物（见图10-16）有纸张印刷、塑料印刷、金属印刷、陶瓷印刷、墙壁印刷等。承印物纸张包括新闻纸、凸版纸、凹版纸、画报纸、地图纸、海图纸、字典纸、书皮纸、书写纸、白卡纸、胶版纸、胶版印刷涂料纸及其他各种材料等。

图10-15　油墨

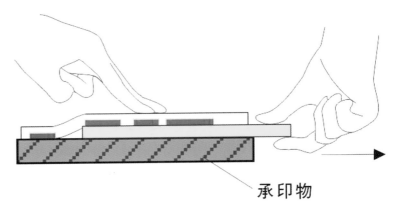

承印物

图10-16　承印物

2. 印刷方式

1）凸版印刷

凸版印刷（见图10-17）印版上的图文信息高于空白区域，印刷机的给墨装置先使油墨分配均匀，然后通过墨辊将油墨转移到印版上，凸版上的图文部分明显高于非图文部分，而非图文部分则没有油墨，给纸机构将纸张输送到印刷部件，在印刷压力作用下，印版图文部分的油墨转移到承印物上，从而完成一次印刷品的印刷。

2）平版印刷

平版印刷（见图10-18）是利用油、水不相溶的客观规律进行的印刷。它不同于凸版印刷，也不同于凹版印刷，除油墨之外，必须有水参加，水墨平衡是平版印刷研究的基本问题。对于平版印刷的从业人员来说，在整个印刷过程中，需要解决印版、供水量、纸张、油墨以及印刷环境之间的矛盾，因此，平版印刷工艺复杂、技术操作难度大。

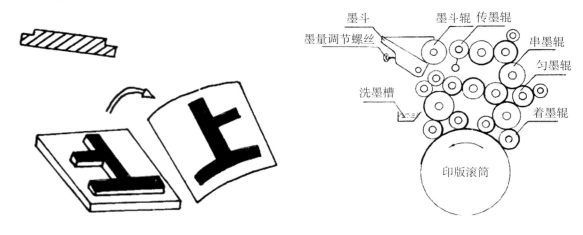

图 10-17　凸版印刷　　　　　　　　　　图 10-18　平版印刷原理

3）胶版印刷

通过滚筒式胶质印模把沾在胶面上的油墨转印到纸面上。由于胶面是平的，没有凹下的花纹，所以印出的纸面上的图案和花纹也是平的，没有立体感，防伪性较差。胶版印刷所需的油墨较少，模具的制造成本也比凹版低。

4）凹版印刷

凹版凹坑中所含的油墨直接压印到承印物上，所印画面的浓淡层次是由凹坑的大小及深浅决定的，如果凹坑较深，则含的油墨较多，压印后承印物上留下的墨层就较厚；相反，如果凹坑较浅，则含的油墨量就较少，压印后承印物上留下的墨层就较薄。凹版印刷的印版是由一个个与原稿图文相对应的凹坑与印版的表面所组成的。印刷时，油墨被充填到凹坑内，印版表面的油墨用刮墨刀刮掉，印版与承印物有一定的压力接触，将凹坑内的油墨转移到承印物上，完成印刷，如图10-19所示。

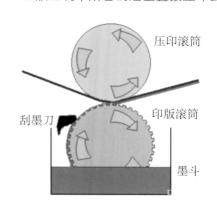

图 10-19　凹版印刷原理

5）丝网印刷

丝网印刷（见图10-20）是将丝织物、合成纤维织物或金属丝网绷在网框上，采用手工刻漆膜或光化学制版的方法制作丝网印版。现代丝网印刷技术，则是利用感光材料通过照相制版的方法制作丝网印版（使丝网印版上图文部分的丝网孔为通孔，而非图文部分的丝网孔被堵住）。

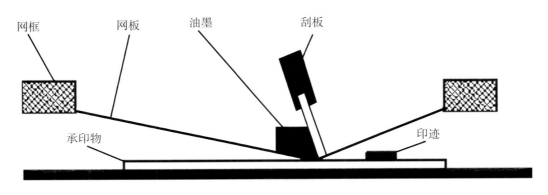

图 10-20 丝网印刷

四、印刷后期加工工艺　　　　　　　　　FOUR

1. 压痕与模切

模切压痕（见图 10-21）工艺是利用钢刀、钢线等排成的模板，在压力的作用下，将印刷品轧切成形的工艺。其加工效果是印刷品表面既有变形（压痕），又有裂变（模切）。

模切压痕技术，适用于各类印刷品的表面加工，特别针对各种档次的纸箱、纸盒、商标等表面的整饰加工，也是实现包装设计的重要手段之一，可以提高印刷品的艺术效果。

模切压痕底版有金属底版和木板底版两种。在胶印工艺中多数是采用木板底版。

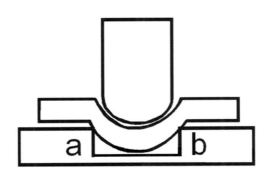

图 10-21 模切压痕成形原理

2. 对裱处理

定义：将书册各页背对背裱糊裁切整齐，与封面粘贴后成册。

特点：装订考究、不掉页、结实耐用、跨页无须拼图。

适用范围：装订厚度以 157 g 铜版纸为准，16 页以上的产品适用。

注意：采用单面印刷工艺，装订时间很长，一般封面配合荷兰板裱糊印刷纸或装帧纸，费用比较高昂。

3. 自动黏合

自动黏合可以实现包装的自动化与机械化，提高生产效率。

4. 手工裱合

手工裱合一般用于包装的小规模生产或有特殊要求的包装，也具有特殊的意义。

5. 表面特种工艺

1）上光

上光指在印刷品表面喷（或涂、印）上一层无色透明的涂料（上光油），经流平、干燥、压光后，在印刷品表面形成一层薄而均匀的透明光亮层。上光包括全面上光、局部上光、光泽型上光、哑光（消光）上光和特殊涂料上光等，如图 10-22 所示。

2）过油和磨光

过油是印刷物的表面覆盖一层油，以达到保护印刷色的功能。目前常用的材料有亮光油（光油）、消光油（亚油）。先将印刷品过油，再通过磨光机的输送，在输送过程中的温度、压力的影响下完成磨光工艺，从而提高印刷表面颜色的光亮度、鲜艳度，并能收到一定的防潮效果，如图 10-23 所示。

图 10-22 上光工艺

图 10-23 过油和磨光

3）烫印

烫印实质就是转印，是把电化铝上面的图案通过热和压力的作用转移到承印物上面的工艺过程。当印版随着所附电热底版升温到一定程度时，隔着电化铝膜与纸张进行压印，利用温度与压力的作用，使附在涤纶薄膜上的胶层、金属铝层和色层转印到纸张上。

装订的烫印加工一般在封面上较多，其形式多种，如单一料的烫印、无烫料的烫印、混合式烫印、套烫等，如图 10-24 所示。

图 10-24 烫印工艺

烫印指在纸张、纸板、织品、涂布类等物体上，用烫压方法将烫印材料或烫版图案转移在被烫物上的加工。

烫印工艺可分为热烫印、冷烫印、凹凸烫印和全息烫印等几种方式。

烫印的优点：现在的烫印和过去的烫印不同，质量有很大提高，表面非常光洁、平整，线条挺直，见棱见角，不塌边，表现出现代的精加工技术，有现代感。烫印箔的品种也很多，有亮金、亮银、亚金、亚银、刷纹、铬箔、颜料箔等，外观装饰效果很好。在现代家电产品上以及仪器仪表上都使用烫印标牌。

4）UV 上光

UV 上光（见图 10-25）即紫外线上光，以 UV 专用的涂剂精密、均匀地涂于印刷品的表面或局部区域后，经紫外线照射，在极快的速度下干燥、硬化而成。它比其他方式上光更加安全、环保，并且具有干燥速度快、不受承印物种类的限制，耗能低，节约能源，质量好，耐摩擦、腐蚀等优点。UV 上光的图层能给设计品带来高光泽的反射效果，局部上光能强调画面的视觉效果，赋予印刷品材质质感的变化，一般用于高档化妆品和书籍制作。

5）浮出

浮出印刷是使平面的印刷物变为立体凸状。在商业上有比较高的利用价值，因为它能表现高贵大方，特别适用于制作赠送礼物之包装纸、标签、包装盒等。方法比较简单，即在普通的印刷物印刷之后，使用树脂粉末（为香港目前所使用松香粉之类）撒布在未干的油墨上，则粉末即溶解在油墨里。然后加热就能使印刷部分凸出来。

印刷方式采用凸版印刷与平版印刷。

6）压印

凹凸压印工艺（见图 10-26）是利用凸版印刷机较大的压力，把已经印刷好的半成品上的局部图案或文字轧压成凹凸明显的、具有立体感的图形或文字。凹凸压印工艺多用于印刷品和纸容器的后期加工，除了用于包装纸盒外，还应用于瓶签、商标及书刊装帧、日历、贺卡等产品的印刷中。

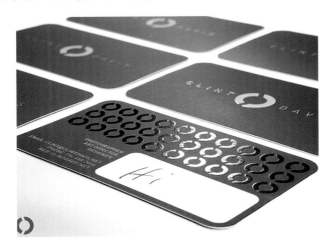

图 10-25　UV 上光工艺　　　　　　　　图 10-26　压印工艺

7）压痕

压痕（见图 10-27）是通过凸模和凹模的挤压使纸张纤维产生永久性的拉伸变形。

传统压痕是为了方便折叠，如纸板箱的折痕，都是用先压痕再折叠的方式成形的。随着胶印印刷品品质的逐步提高，对折页的要求也在快速提高。直接折页很难应对 150 g 以上的纸张，或者是折痕不清晰，或者是出现颜色爆裂，纸纤维断裂等现象，这在折页位置有深色印刷的情况下尤其严重。另外，一些较便宜纸张的纸纤维发脆，或是车间的湿度偏低的情况，都将会使这一问题暴露无遗。

实现压痕的三种具体方式：平压、滚压、旋转压。

①平压的优点：易于实现，有现成的不同规格刀模；压痕效果最佳，尤其是厚纸。平压的缺点：极限速度不高，针对不同厚度的纸张，刀模更换麻烦。

②滚压的优点：效率高，可以同时实现打龙线、切断等功能。滚压的缺点：只能纵向压痕，机器幅宽要求大，过厚、过脆的纸张压痕效果不好。

③旋转压的优点：既能达到较好的压痕效果，又能实现较快的速度。旋转压的缺点：实现难度大，机构控制复杂。

8）覆膜

覆膜（见图 10-28）是指用覆膜机在印品的表面覆盖一层透明塑料薄膜而形成的一种产品加工形式。经过覆膜的印刷品表面更加平滑、光亮、耐污、耐水、耐磨。

图 10-27　压痕工艺

图 10-28　覆膜工艺

9）激光雕刻

激光雕刻是以数控技术为基础，激光为加工媒介，加工材料在激光照射下瞬间的熔化和气化的物理变性，达到加工的目的。如 CorelDRAW 等进行设计，扫描的图形、矢量化的图文及多种 AutoCAD 文件都可轻松地"打印"到雕刻机中。唯一不同之处是，打印将墨粉涂到纸张上，而激光雕刻是将激光射到木制品、亚克力、金属板、塑料板、石材等几乎所有的材料上，如图 10-29 所示。

10）模切和压痕

模切和压痕是根据设计的要求，使彩色印刷品的边缘成为各种形状，或在印刷品上增加特殊的艺术效果，以便达到某种使用功能。以钢刀排成模（或者用钢板雕刻成模），在模切机上把承印物冲切成一定形状的工艺称为模切工艺；利用钢线进行压印，在承印物上压出痕迹或利于弯折的槽痕的工艺称为压痕工艺。

模切适用范围：适用于 157 g 以上的纸为原材料的产品，如不干胶、商标、礼盒、相关印刷艺术品等。

压痕的特点：对于厚纸，压痕后便于折叠、避免出现纸张表面出现裂痕。适用范围：适用于 200 g 以上的纸。

注意：压痕工艺与覆膜工艺配合，才能完成高克重纸张的折叠。

11）金银卡纸磨砂

该工艺是采用表面雕刻有网纹坑点的磨砂压版对金银卡纸表面进行直接压印，该磨砂压版的网纹坑点深度为 60～90 μm，压印温度为 50～150 ℃、压力为 5～10 MPa。

12）植绒

植绒工艺（见图 10-30），就是在需要植绒的物体（布料、玩具、陶瓷、塑料金属等）上先做处理，然后涂上胶水，再用植绒机器将绒毛喷到胶层上，接着进行烘干，最后清除浮绒。

在印刷品上局部上胶将细绒固定的工艺，效果特殊，手感出众。

图 10-29　激光雕刻工艺　　　　　　　　　　　图 10-30　植绒工艺

 小结

　　包装印刷与工艺是包装设计整个过程中涉及工艺部分最多的一个环节，也是包装设计实训中操作能力体现的重要环节，集中体现了包装设计师岗位职业能力。

 思考题

四色印刷和专色印刷的区别有哪些？

 实训项目

进行包装整体设计并制作完成实物。

参考文献 CANKAO WENXIAN

[1] 白光泽，李冬影，张程.广告设计［M］.武汉：华中科技大学出版社，2013.

[2] 韩辉.现代广告学［M］.北京：首都经济贸易大学出版社，2006.

[3] 张文华，李冬影，刘攻.平面广告设计［M］.北京：北京理工大学出版社，2008.